夜空にうかぶ星の世界をのぞいてみよう！

ハレー彗星の雄姿

周期76年でめぐるハレー彗星は、天界最大のスターといっていい人気天体です。次回は2061年の夏に戻ってきて、北の空で長く尾を引く姿を見せてくれることになります。

▲1986年のハレー彗星　1986年3月14日にハレー彗星の頭部に探査機ジョットが突入、15km大のピーナッツ状の核の正体を明らかにしてくれました。これはそのときの地球から見たハレー彗星の姿をとらえたものです。

大彗星の出現

長い尾を引き、いつの間にか星空に現れ、夜空をかけぬけ姿を消していく彗星は星空の旅人ともいえる魅力的な天体といえます。ただし、目を楽しませてくれるような大彗星の出現は、10～20年に一度のまれなものです。

▲C/2006P1マクノート彗星　昼間の青空の中でも頭部が輝いて見えたこの大彗星は、大量のチリを放出したため、史上最大級の尾をたなびかせ、南半球の人々をおどろかせました。こ

の彗星が再び戻ってくるのは、およそ9万年後のことになります。(2007年1月19日の夕方の西の空で見られた光景をオーストラリアのチロ天文台でとらえたものです)

▲冬の大三角の日周運動　真冬の夜、南の空を東（左）から西（右）へと日周運動で移動していく冬の大三角あたりの星々の光跡を長時間露出でとらえたものです。

星の日周運動

夜空の星々は、太陽や月が東から昇って西へ沈んでいくのと同じように、地球の自転につれ、東の空から西の空へと移動していきます。東から昇るとき、南へ昇りつめたとき、西へ沈んでいくときで、星座の傾きが変わり、そのようすが星座の見え方の味わいに深みを加えてくれます。

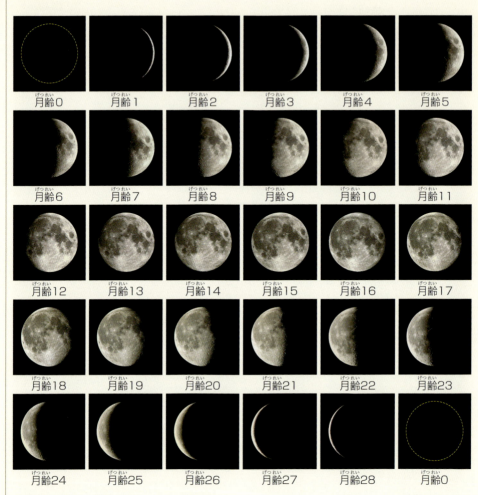

▲月齢　新月から経過した時間を日であらわしたのが「月齢」で、ふつうその日の正午の値が、月齢8.4などと暦には表されています。およその月齢では7.4が上弦、14.8が満月、22.2が下弦となります。

月の満ち欠け

月は地球のまわりをまわりながら、およそ29.5日がかりで満ち欠けをくりかえしています。昔の人々がそのようすを目に、カレンダーがわりに利用してきたこともうなずけることでしょう。

星食

新月が太陽をかくすのが日食で、満月が地球の影に入りこんで月が欠けるのが月食です。月はこのほか星座の星や惑星をかくす「星食」や「惑星食」などの現象も起こし、スリリングな一瞬を楽しませてくれます。

▲アルデバランの出現　月の背後にかくされていたおうし座の赤味をおびた1等星アルデバランが姿を見せたところです。これらの現象の予報は天文年鑑や公開天文台のホームページなどで知ることができます。

アンタレスと火星

さそり座の真っ赤な1等星アンタレスの名の由来は、赤い惑星としておなじみの火星アレースに対抗するものという意味の「アンチ・アレース」からきているものです。両者が赤さくらべをする光景は印象的な眺めですが、明るい惑星とさまざまな天体たちが接近してならぶようすを目にするのも、星空ウォッチングの楽しみといえます。

▲逆さまのさそり座と火星、土星の接近 2016年の夏、南半球の西空にかかる逆さまのさそり座で、アンタレスと火星と土星が接近しならんで見えました。(オーストラリアのチロ天文台で撮影)

✤新装版✤

星空図鑑

藤井 旭

ポプラ社

東の空高く昇る冬の星座たちの光跡

はじめに

「あなたは何座生まれ？」と聞かれれば、みなさんは「しし座生まれ」とか「さそり座生まれ」などと、すぐ答えられることでしょう。でも「夜空で自分の誕生星座を見たことがあります？」と聞かれたらどうでしょうか。「そう言われると……」と頭をかく人もあるかもしれませんね。そこでこの星空図鑑では、初めての人が実際の星空を見あげて自分の誕生星座や四季の星座が見つけられるよう、くわしく紹介してみることにしました。そればかりではありません。季節ごとの星座ウォッチングを楽しみながら、現代の天文学が解き明かした最新の宇宙の姿や太陽系天体たちの素顔も紹介し、この図鑑1冊だけで宇宙についての知識をひととおりわかってもらえるように工夫してあります。

　星空はいつでもどこでも、私たちの頭上に輝いていてくれます。この図鑑をガイド役に星空を見あげれば、1人でも、家族みんなでも、また友人たちと見あげても、星たちはいつでも宇宙のロマンと神秘について語りかけてくれることでしょう。さあ、今夜もすばらしい星空です。星空を見あげながら、宇宙散歩を心ゆくまで楽しむことにしましょう！

星空図鑑 もくじ

10　はじめに

星空ウォッチング
- 16　星座の歴史
- 18　星座の見方
- 19　天球って何?
- 20　星の日周運動
- 21　星座の年周運動
- 22　星の日周運動のようす
- 24　星空の見え方
- 25　星の位置のあらわし方
- 26　北天の星図
- 27　南天の星図
- 28　星座一覧表
- 30　誕生星座
- 31　惑星の動き
- 32　星の明るさ
- 33　星空のものさし
- 34　星座早見の使い方
- 35　双眼鏡の見方
- 36　天体望遠鏡
- 37　星雲・星団
- 38　二重星
- 39　変光星

夏の星空ウォッチング
- 42　夏の星座
- 44　北の星座
- 45　南の星座
- 46　東の星座
- 47　西の星座
- 48　夏の星座の見つけ方
- 50　天の川の正体をさぐる
- 54　さそり座
- 60　いて座
- 66　てんびん座
- 67　たて座
- 68　へびつかい座
- 69　へび座
- 70　ヘルクレス座
- 72　りゅう座
- 74　こと座
- 78　わし座
- 80　はくちょう座
- 84　こぎつね座
- 86　や座
- 87　いるか座

秋の星空ウォッチング
- 90　秋の星座
- 92　北の星座
- 93　南の星座
- 94　東の星座
- 95　西の星座
- 96　秋の星座の見つけ方
- 98　銀河の姿をさぐる
- 104　やぎ座
- 106　みずがめ座
- 108　みなみのうお座
- 109　つる座
- 110　ペガスス座
- 112　カシオペヤ座
- 114　ケフェウス座
- 116　アンドロメダ座
- 122　さんかく座
- 124　うお座
- 126　おひつじ座
- 128　ペルセウス座
- 132　くじら座
- 134　ちょうこくしつ座
- 135　ほうおう座

月面

球状星団

天体望遠鏡

プレアデス星団

ヘール・ボップ彗星

土星

136 冬の星空ウォッチング
- 138 冬の星座
- 140 北の星座
- 141 南の星座
- 142 東の星座
- 143 西の星座
- 144 冬の星座の見つけ方
- 146 星の一生をさぐる
- 150 おうし座
- 156 オリオン座
- 162 ぎょしゃ座
- 164 おおいぬ座
- 166 こいぬ座
- 168 いっかくじゅう座
- 170 ふたご座
- 174 エリダヌス座
- 176 うさぎ座
- 177 はと座
- 178 りゅうこつ座

180 春の星空ウォッチング
- 182 春の星座
- 184 北の星座
- 185 南の星座
- 186 東の星座
- 187 西の星座
- 188 春の星座の見つけ方
- 190 宇宙のなりたちをさぐる
- 196 こぐま座
- 198 おおぐま座
- 204 かに座
- 206 しし座
- 208 うみへび座
- 210 からす座
- 211 コップ座
- 212 うしかい座
- 214 りょうけん座
- 216 かみのけ座
- 217 かんむり座
- 218 おとめ座
- 222 ケンタウルス座

224 南天ウォッチング
- 226 南半球の星座
- 228 南十字座
- 232 大小マゼラン雲
- 236 はちぶんぎ座

238 太陽系ウォッチング
- 240 太陽系探検
- 242 太陽
- 248 月
- 258 水星
- 260 金星
- 264 火星
- 268 小惑星
- 270 木星
- 274 土星
- 278 天王星
- 279 海王星
- 280 冥王星
- 281 エリス
- 282 流星
- 286 彗星
- 290 人工衛星
- 292 オーロラ
- 294 天体望遠鏡
- 304 天体写真

星空ウォッチング

―基礎知識とテクニック―

頭上にきらめく美しい星空を見あげる……星空ウォッチングは、ただそれだけのことなのですから、何も特別なテクニックが必要というものでもありません。しかし、ちょっとした知識があると、星空をながめる楽しさが深まり、楽しみが大きくひろがってくるのも事実です。そこでまず初めに星空をより楽しむための基礎知識と、ちょっとしたテクニックについて紹介することにしましょう。あわせてよく使われる用語の解説もしてあります。星空ウォッチングを始める前に目を通しておきましょう。

土星

木星

冬の星空の中で輝く木星と土星

星座の歴史　　　　　　　　　　　星座って何？

●星座の誕生

夜空に点々と輝く星ぼしをながめていると、無秩序にばらまかれているように見えても何かしら特徴のある星のならびがあって、イメージをふくらませれば、それがさまざまな動物や人の姿、物の形に見えてくることがありますね。

今からざっと5000年もの昔、チグリス、ユーフラテスの大きな２つの河にはさまれたメソポタミア、つまり、現在のイラク付近で暮らしていたカルデアの人たちにとっても、それは同じことでした。カルデア人たちは、遊牧民というわけでは

▲ヨーロッパの古星図　18世紀に描かれたもので、現在の88星座に含まれていない星座の姿もみえています。

▲バビロニアの境界石に描かれた星座　土地の境界をあらわす石標に、月や星のほかにさそり座など、当時の星座が描かれています。

ありませんでしたが、夜もすがら羊の番をしつつ、あるいは城壁にのぼり、空一面に輝く星ぼしをながめながら、いつとはなしに、目ぼしい星の配列を身近に住む動物や伝説上の巨人や英雄たちの姿に見たて、星空に星座を作りだしていきました。

●ギリシャで完成した48星座

彼らは、星座の星ぼしやその中で移動をくりかえす明るい惑星たち、日食や月食などの不思議な天文現象をおそれ、いぶかり、やがてそのようすを観測し、星占いをするようにもなっていきました。こうして、太陽や月、惑星の星空の通り道に"黄道12星座"がまずできあがりました。そして、バビロニアから伝えられた

星座は、エジプトやフェニキアなどへと伝えられてひろまり、それぞれの地方独自の星座もこれに加えられていきました。

ギリシャの人びとは、これらの諸国から伝えられた星座や神話、伝説を受けつぎ、ギリシャの多くの神々の神話とたくみに結びつけ、星座をさらに発展させていきました。

2世紀のギリシャの天文学者プトレマイオスは、それらを整理してまとめ、現在に伝えられる48星座を完成させました。やがてギリシャやローマの文明がおとろえると、プトレマイオスの48星座は、アラビアへと伝えられました。このため今に伝えられる星座や星の名前にアラビア名のものが多く残されることになったというわけです。

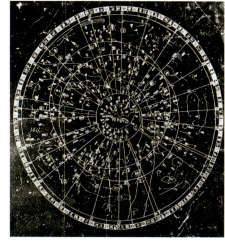

▲中国の星座 "星座"ということばは、中国から伝えられたものです。中国にも昔から独自の星座が考えられていました。

新たに加えられ88星座に

ギリシャの48星座は、アラビアを経由してヨーロッパへ伝えられ、1500年もの間使われてきましたが、やがて大航海時代が始まると、それまで知られていなかった南半球の星ほしの情報がもたらされるようになり、17世紀になってドイツのバイヤーなどにより、12もの新しい星座が加えられることになりました。

そして、さらに17世紀から18世紀にかけ、天文学者たちが思い思いの星座を作るようになり、混乱するようになったため、1930年、国際天文学連合は、全天に88星座を設け、星座の境界線もはっきりきめることにしました。こうして現在の88星座が確立したというわけです。

▲観測するヘベリウス夫妻 17世紀のポーランドの天文学者ヘベリウスは、10の新星座を作り、現在そのうちの7つが使われています。

星座の見方 ―― 想像力をたくましく

星座は、大昔の人びとが夜空のカンバスに描きだした絵物語の世界ともいえるものです。星座に輝く星ぼしを次々に結びつけ、人や動物などの姿や形を思いっきり想像力をはたらかせて思い浮かべるようにするのがポイントです。それは、画面の中にたくさんの点が打ってあって、番号順に線で結んでいくと、やがて人間や動物の姿が見えてくるという、あの点パズルの"かくし絵遊び"そっくりといえるものです。

星座は、もともと星ぼしのならびをばくぜんとし、夜空に描きだされたものですから、星の結び方にきまったやり方というものがあるわけではありません。そこでこの本では、できるだけ星座の名前のイメージが浮かびやすいような結び方にして、その例が示してあります。

明るい星を手がかりに、星座の位置や広

▲東の空からのぼるオリオン座　星座は見える方向によって、さまざまにかたむきが変わります。見つけるとき注意しましょう。

がりの見当をつけたら、星座の骨格をまずつかみ、星座の絵姿をふっくら肉づけしてながめるようにしてください。

▲オリオン座のイメージの仕方の順序　目をひく明るい星を見つけ、その星を手がかりにまわりの星ぼしを結びつけ、星座の骨格をつかみます。その骨組みに星座の姿をふっくら肉づけして重ね合わせ、イメージしながら見るのが星座を楽しむコツといえます。

天球って何？ ── 星空の丸天井

星座を形づくっている星ほし"恒星"は、1秒間に30万キロメートルも進む光の速さで行っても何十年も何百年もかかる大変な遠い距離にあります。ですから、私たちには星の遠近感など全然感じられず、どの星もただ頭上におおいかぶさるようにひろがる、丸天井の星空にはりついているようにしか見えません。

この架空の丸天井のことを"天球"とよび、天文学では星座の星ほしは、すべてこの架空の天球上に見えているという考えをとっています。こう考えると、星や星座の位置をあらわすのに便利だからです。もちろん、本当の星ほしの宇宙空間

▲**星座の見え方** オリオン座を形づくっている星ぼしの距離は、それぞれちがいますが、私たちには、天球に投影され、星座として見えます。

での分布はまちまちで、星座を形づくっている星どうしは、たまたま同じ方向に見えているだけというのがふつうです。

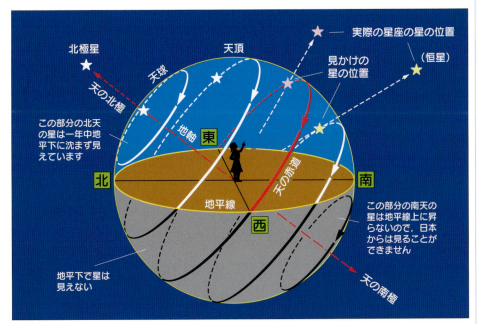

▲**天球の考え方** 夜空を見あげると、無限に大きい架空の丸天井が頭上におおいかぶさり、星座の星ぼしはみんなその"天球"にはりついて輝いているように見えます。この天球は、地球の自転につれ回転していくように見えるので、星ぼしは東から西へと動いていきます。

星の日周運動 ……… 星が動いていくわけ

星空をしばらく見つづけていると、星座が時間のすぎるのとともに東から西へゆっくり動いていくのに気づきます。
これは、星空が私たちのまわりをまわっているからではありません。私たちの住んでいる地球の方が、西から東まわりに1日24時間かかって自転しているためにそう見えるのです。この星の一晩の動きのことを"星の日周運動"とよんでいます（198ページ下の図参照）。

▲東からのぼるオリオン座の動き

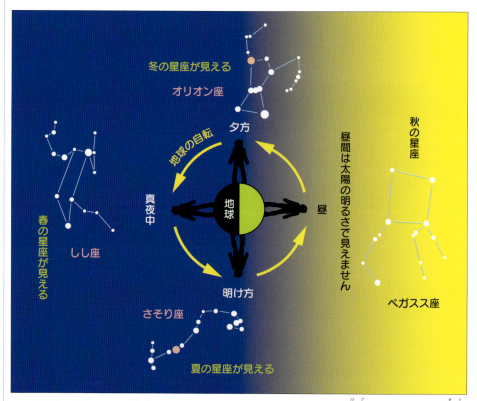

▲日周運動の見えるわけ　地球が1日24時間かかって1回転しているため、私たちには見かけ上星ぼしが、日周運動するように見えるわけです。一晩中見ていると日暮れのころの星空、真夜中の星空、明け方の星空と、見える星座がゆっくり移りかわっていくのがわかります。

星座の年周運動 — 季節で移りかわる星座

星座が一晩のうちに東から西へ動いていくように見えるのは、地球が毎日1回転しているためであることは、20ページでお話ししました。

この星の日周運動とは別に、毎晩、同じ時刻、たとえば午後8時に星座を見あげるようにしていると、同じ星座の見えはじめる時刻が毎日、少しずつ早くなってくることに気づくはずです。その割合は1日に約4分ずつで、半月たつと1時間、1か月たつと2時間も早く見えるようになってきます（198ページ下右の図参照）。

これは、私たちの住む地球が、太陽のまわりを1年かかってひとめぐりしているためにおこる、星空の移りかわりで"星座の年周運動"とよばれています。つまり、地球自身の位置がずれていくため、背景に見える星座の位置も少しずつずれていき、季節によって見える星座が、ちがってくるというわけなのです。

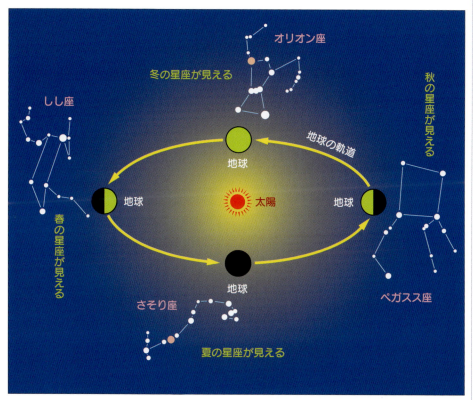

▲星座の年周運動のおこるわけ　地球が1年がかりで太陽のまわりをまわっているため、地球の夜の側の方向に見える星空が移りかわっていき、季節ごとに見える星座も移りかわるように見えるわけです。1年たつと、またもとの星座がもどってくることになります。

星の日周運動のようす……方向によるちがい

20ページでお話しした星座の一晩の動き"日周運動"のようすは、とてもわかりやすいので、自分の立っている場所をきめ、遠くの建物や電柱などを目じるしにして、星の動きを観察してみましょう。

▶北斗七星の動き　星の日周運動は、地球の自転軸のさし示す"天の北極"（およそ北極星）を中心に時計の針と反対まわりに1時間に15度の割合で動いていきます。これは北斗七星の2時間の動きで、1時間のところに切れ目が入れてあります（198ページ下左の図参照）。

▲東からのぼるオリオン座の星ぼしの光跡　カメラのシャッターを開けたままにして写したオリオン座の星ぼしの動きのようすです。オリオン座は25ページにある天の赤道上に位置しているため、日本付近ではななめ一直線の光跡をひいて東の空からのぼっていきます。

▲南の空高くのぼったオリオン座付近の星ぼしの動き　真南の方向に高くのぼったオリオン座は、東から西（上の写真の画面では左から右）へ、真横に動いていくように見えます。これはオリオン座付近の広い範囲の日周運動のようすを写したものです。

▲西へしずんでいくオリオン座の星ぼしの光跡　西へしずむオリオン座は、東からのぼるときとは反対のかたむきでしずんでいきます。東からのぼるとき、真南に見えるとき、西へしずむときで星座のかたむきは変化して見えますので、星座をさがすときには注意しましょう。

星空の見え方 ──── 場所でちがう星空の見え方

22～23ページでは、星の日周運動のようすを星空のいろいろな方向で見てみました。しかし、これらの星の日周運動のようすは、世界中どこで見ても同じというわけではありません。

地球は南北をつらぬく自転軸を中心に1日で1回転しています。それが星が日周運動して見える原因ですが、そのようすは地球上の星空を見あげる場所によってちがいがあるのです。つまり、見あげる緯度によって星空の見える範囲や日周運動のようすが変わってくるというわけです。日本は北半球のおよそ北緯35度付近に位置しているため、下の図のようにななめにかたむいたような星の動きとなって見えます。これが赤道付近ではまっすぐ立つような日周運動となり、南半球に入ると日本とは逆さまに立って星空を見

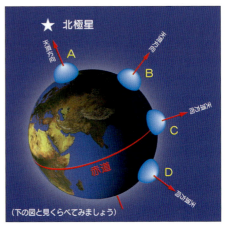

▲地球上の位置と天球　見あげる場所（緯度）のちがいで、頭上の天球に見える星座の位置もちがって見えるようになってきます。

あげるようになるため、日周運動は天の南極を中心に時計の針と同じ方向に動いていくようになります。

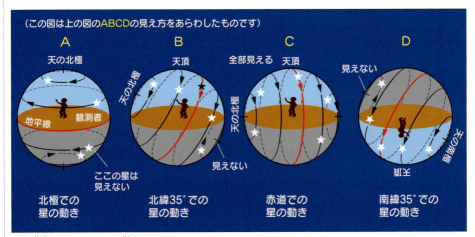

▲緯度別の星空の見える範囲と日周運動のちがい　地球上の見る場所によって星空の見える範囲と星の日周運動のようすがちがって見えてきます。南半球のオーストラリアなどに出かけると、日本では見られない天の南極付近の星座を見ることができるようになります。

星の位置のあらわし方 —— 赤経・赤緯って何？

地球上の位置をいいあらわすときには、経度と緯度がもちいられます。これと同じように星の位置も天球上の目盛りである"赤経"と"赤緯"でいいあらわします。これは、地球上の経度と緯度の目盛りをそっくりそのまま天球上に投影したもので、北極は"天の北極"、南極は"天の南極"、赤道は"天の赤道"といいます。ただし、赤経の方は少し変わっていて、うお座の春分点から東まわりに360度はかり、15度を1時間として24時間にわけ、13時15分などといいあらわします。

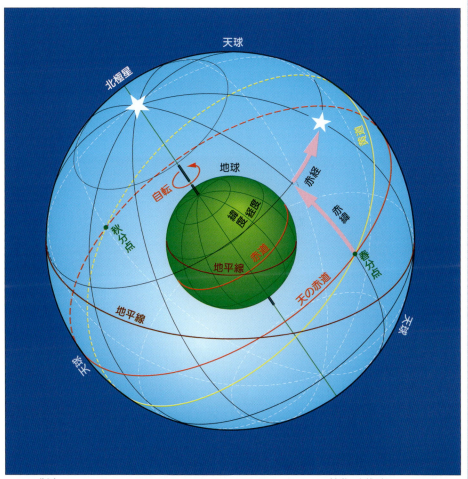

▲赤道座標のあらわし方　赤緯は赤道をはさんで南北に±90度まで、赤経は春分点から東まわりに24時であらわします。記号は、時はh、分はm、秒はsで、たとえば七夕の織女星ベガの位置は赤経18h36m56s、赤緯+38°47′01″となります。これは西暦2000年を基準にした値です。

北天の星図　　　　　　　　　　日本で見える星空

星空全体で88きめられている星座の位置を、星空の世界地図ともいえる"全天星図"で示しておきましょう。これによって、あとで1つずつ紹介する星座のおたがいの位置関係や、ひろがりを知ることができます。これらのほとんどは日本で見ることができますが、天の南極に近い部分は日本から見ることができません。その南天の星図は27ページにあります。星座の明るい星は、固有名をもっていますが、その他の星はギリシャ文字の符号がつけられたものが多く、その読み方は27ページの表に示してあります。

▲北天の星図

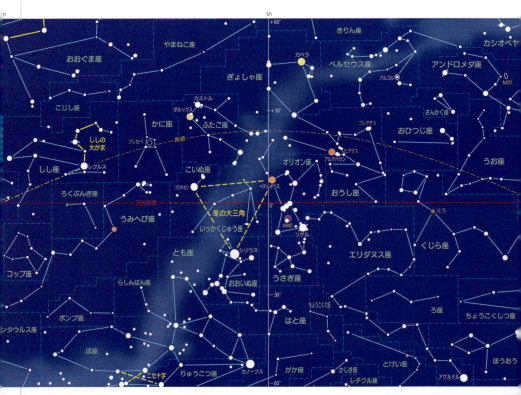

南天の星図 ……………………… 日本で見えない星空

日本では見えない天の南極の近くの星座を右の星図に示してあります。日本からまったく見ることのできないものは4星座だけで、あとの84星座は少なくとも一部分は見ることができます。

α	アルファ	ι	イオタ	ρ	ロー
β	ベータ	κ	カッパ	σ	シグマ
γ	ガンマ	λ	ラムダ	τ	タウ
δ	デルタ	μ	ミュー	υ	ウプシロン
ε	エプシロン	ν	ニュー	φ	ファイ
ζ	ゼータ	ξ	クシー	χ	キー
η	エータ	ο	オミクロン	ψ	プシー
θ	シータ	π	パイ	ω	オメガ

ギリシャ文字の読み方

▲南天の星図

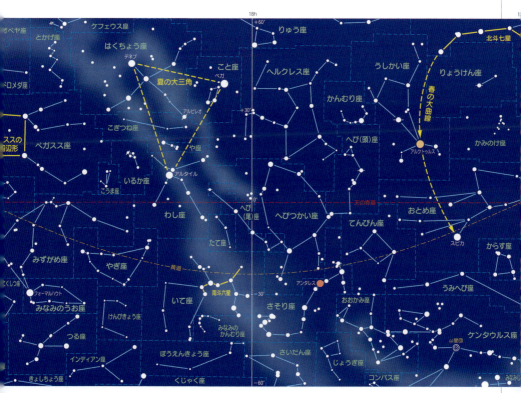

星座一覧表 — 全天星座のデータ

全天に88の星座がきめられていますが、このうち日本からまったく見ることのできない星座は、天の南極付近の4星座だけで、あとはごく一部分にしろ日本で見ることができます。ここでは、各星座の宵のころ見えやすくなる季節や方向、見つけ方の目やすになるポイントを大まかに示しておきましょう。

星座名	略号	見えやすい季節	方角	見つけるポイント
アンドロメダ	And	11月	北	大銀河M31がある
いっかくじゅう（一角獣）	Mon	3月	南	冬の大三角の中
※いて（射手）	Sgr	9月	南	銀河系の中心方向・南斗六星
いるか	Del	9月	南	小さなひし形
☆インディアン	Ind	10月	南	沖縄付近で一部が見える
※うお（魚）	Psc	11月	南	北と西の2匹の魚
うさぎ（兎）	Lep	2月	南	オリオン座の下（南）
うしかい（牛飼）	Boo	6月	天頂	1等星アルクトゥルス
うみへび（海蛇）	Hya	4月	南	全天一東西に長い
エリダヌス	Eri	1月	南	鹿児島以南で全部見える
※おうし（牡牛）	Tau	1月	天頂	プレアデスとヒアデス星団
おおいぬ（大犬）	CMa	2月	南	全天一明るい恒星シリウス
おおかみ（狼）	Lup	7月	南	南に低く見える
おおぐま（大熊）	UMa	5月	北	北斗七星
※おとめ（乙女）	Vir	6月	南	白い1等星スピカ
※おひつじ（牡羊）	Ari	12月	天頂	への字形
オリオン	Ori	2月	南	三つ星と大星雲M42
☆がか（画架）	Pic	2月	南	一部分のみ
カシオペヤ	Cas	12月	北	W字形
☆かじき（旗魚）	Dor	1月	南	一部が見える
※かに（蟹）	Cnc	3月	南	プレセペ星団
かみのけ（髪）	Com	5月	天頂	散開星団の星座
★カメレオン	Cha	4月	南	見えない
からす（烏）	Crv	5月	南	いびつな小4辺形
かんむり（冠）	CrB	7月	天頂	小半円形の7個の星
☆きょしちょう（巨嘴鳥）	Tuc	11月	南	一部が見える
ぎょしゃ（馭者）	Aur	2月	北	1等星カペラと5角形
きりん	Cam	2月	北	淡い星座
☆くじゃく（孔雀）	Pav	9月	南	一部が見える
くじら（鯨）	Cet	12月	南	変光星ミラ
ケフェウス	Cep	10月	北	北の空の5角形
ケンタウルス	Cen	6月	南	南の地平線で上半身だけ見える
けんびきょう（顕微鏡）	Mic	9月	南	南に低く見える
こいぬ（小犬）	CMi	3月	南	1等星プロキオン
こうま（小馬）	Equ	10月	南	ペガススの鼻さき
こぎつね（小狐）	Vul	9月	南	はくちょうの十文字の下（南）
こぐま（小熊）	UMi	7月	北	北極星
こじし（小獅子）	LMi	4月	天頂	ししの大鎌の上（北）
コップ	Crt	5月	南	からすの4辺形の右（西）
こと（琴）	Lyr	8月	天頂	七夕の織女星ベガ

星座名	略号	見えやすい季節	方角	見つけるポイント
☆コンパス	Cir	6月	南	一部が見える
☆さいだん（祭壇）	Ara	8月	南	さそり座の下（南）
※さそり	Sco	7月	南	アンタレスとS字のカーブ
さんかく（三角）	Tri	12月	天頂	アンドロメダの下（南）
※しし（獅子）	Leo	4月	南	ししの大鎌とレグルス
じょうぎ（定規）	Nor	7月	南	さそり座の南西
たて（楯）	Sct	8月	南	いて座の上（南）の天の川
ちょうこくぐ（彫刻具）	Cae	1月	南	はと座の西どなり
ちょうこくしつ（彫刻室）	Scl	11月	南	くじらの下（南）
つる（鶴）	Gru	10月	南	地平線上の2つの星
★テーブルさん（テーブル山）	Men	2月	南	見えない
※てんびん（天秤）	Lib	7月	南	くの字を裏返した形
とかげ	Lac	10月	北	ペガススの足もと
☆とけい（時計）	Hor	1月	南	一部が見える
☆とびうお（飛魚）	Vol	3月	南	りゅうこつ座の南
とも（船尾）	Pup	3月	南	アルゴ船の一部
☆はえ（蠅）	Mus	5月	南	一部が見える
はくちょう（白鳥）	Cyg	9月	天頂	北の大十字と1等星デネブ
★はちぶんぎ（八分儀）	Oct	10月	南	見えない、天の南極
はと（鳩）	Col	2月	南	うさぎ座の南
★ふうちょう（風鳥）	Aps	7月	南	見えない
※ふたご（双子）	Gem	3月	天頂	カストル・ポルックスの兄弟星
ペガスス	Peg	10月	天頂	大4辺形
へび（蛇）	Ser	7〜8月	南	頭と尾に分割
へびつかい（蛇遣）	Oph	8月	南	巨大な将棋の駒形
ヘルクレス	Her	8月	天頂	H形と大球状星団M13
ペルセウス	Per	1月	北	人の字形と変光星アルゴル
ほ（帆）	Vel	4月	南	アルゴ船の一部
ぼうえんきょう（望遠鏡）	Tel	9月	南	いて座の南
ほうおう（鳳凰）	Phe	12月	南	ちょうこくしつ座の南
ポンプ	Ant	4月	南	うみへび座の南
※みずがめ（水瓶）	Aqr	10月	南	Yの字形のならび
☆みずへび（水蛇）	Hyi	12月	南	沖縄で一部が見える
みなみじゅうじ（南十字）	Cru	5月	南	沖縄で全景が見える
みなみのうお（南魚）	PsA	10月	南	フォーマルハウト
みなみのかんむり（南冠）	CrA	8月	南	いて座の下（南）の小半円形
☆みなみのさんかく（南三角）	TrA	7月	南	一部が見える
や（矢）	Sge	9月	南	はくちょう座のくちばしのあたり
※やぎ（山羊）	Cap	9月	南	逆3角形
やまねこ（山猫）	Lyn	3月	北	おおぐま座とぎょしゃ座の間
らしんばん（羅針盤）	Pyx	3月	南	アルゴ船の一部
りゅう（竜）	Dra	8月	南	大びしゃく小びしゃくの間に
☆りゅうこつ（竜骨）	Car	3月	南	1等星カノープス
りょうけん（猟犬）	CVn	6月	北	コル・カロリ
☆レクチル	Ret	1月	南	一部が見える
ろ（炉）	For	12月	南	エリダヌス座の西
ろくぶんぎ（六分儀）	Sex	4月	南	ししの下（南）
わし（鷲）	Aql	9月	南	七夕の牽牛星アルタイル

※黄道星座　☆一部が見える南の星座　★天の南極に近い星座（日本からは見えない）

誕生星座 ── 自分の誕生星座を見つけよう

星座の中の太陽の通り道のことを"黄道"とよんでいます。その黄道上にあるのが、黄道12星座で、誕生日によって自分の誕生星座が下段の星図のようにきめられています。自分の誕生星座を夜空に見つけだすのはとても楽しいものです。

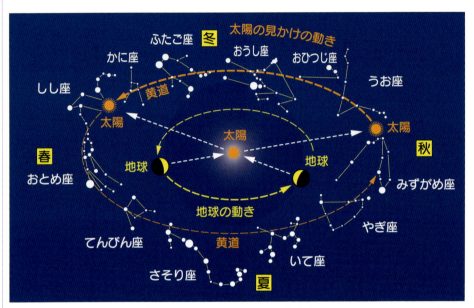

▲太陽の星座の中での動き　太陽のまわりを1年かかってまわる地球から見ていると、見かけ上、太陽が黄道星座の中を移動していくようにも見えます。たとえば、3月21日ごろの春分の日の太陽はうお座で輝いています。もちろん、昼間なのでそのようすを見ることはできません。

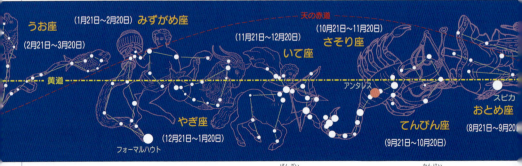

▲黄道12星座と誕生日　黄道12星座は大きさはまちまちで、星占いでいう黄道12宮とは区分が少しちがっています。また、大昔にきめられたので現在、太陽がいる日と誕生日の関係は少しずつずれています。なお、星占いと上の誕生星座とは直接の関係はありません。

惑星の動き

黄道星座を移動する星

太陽の通り道が黄道ですが、黄道12星座の中には、太陽系の惑星たちが見えていることがあります。黄道星座の中に明るい見なれない星を見つけたら、それはたいてい火星や木星、土星といった明るい惑星たちと思ってまちがいありません。

火星（地球に接近する年月と星座）			
2018年7月	やぎ	2029年3月	おとめ
2020年10月	うお	2031年5月	てんびん
2022年12月	おうし	2033年7月	いて
2025年1月	かに	2035年9月	みずがめ
2027年2月	しし	2037年11月	おうし

木星（衝になる年月と星座）			
2018年5月	てんびん	2024年12月	おうし
2019年6月	へびつかい	2026年1月	ふたご
2020年7月	いて	2027年2月	しし
2021年8月	やぎ	2028年3月	しし
2022年9月	うお	2029年4月	おとめ
2023年11月	おひつじ	2030年5月	てんびん

土星（衝になる年月と星座）			
2018年6月	いて	2024年9月	みずがめ
2019年7月	いて	2025年9月	うお
2020年7月	いて	2026年10月	くじら
2021年8月	やぎ	2027年10月	うお
2022年8月	やぎ	2028年10月	おひつじ
2023年8月	みずがめ	2029年11月	おひつじ

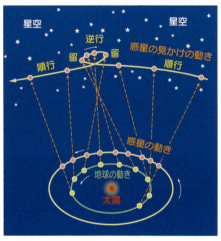

▲惑星が動いていくわけ　惑星が星座の星ぼしとちがうのは、日にちがたつと星座の中で位置が変わることです。これは、太陽のまわりをまわる地球から、同じように太陽のまわりをまわる惑星たちを見ていることによるものです。惑星のいる星座は右上の表のようになります。

▼星占いの日付けとは異なる場合があります。

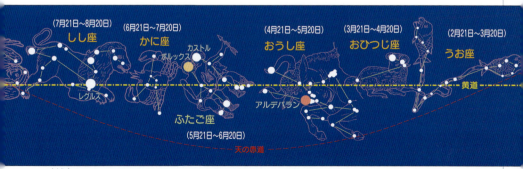

▲誕生星座を見つけるには　自分の誕生日のころには、その付近に太陽がいるので昼間の空になり見ることができません。自分の誕生星座を見つけたいときには、誕生日の3〜4か月前の宵の南の空で見つけるようにするといいでしょう。

星の明るさ —— 光度・等級のあらわし方

キラキラ輝く明るい星から、肉眼で、やっと見えるかすかな星まで、星ぼしを明るさごとにランクづけしたのが、1等星とか2等星などとよばれる星の明るさのいいあらわし方です。これを星の"光度"とか"等級"といいます。

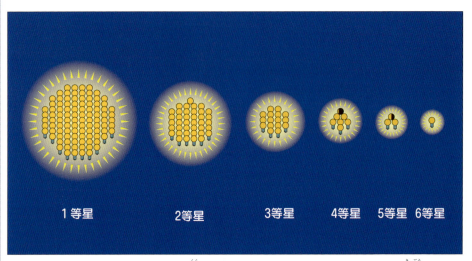

▲星の明るさくらべ　肉眼で見える一番暗い星が6等星で、6等星の100倍の明るさの星が1等星です。1等星より明るい星は0等星、マイナス1等星、マイナス2等星などと−の記号をつけてよびます。6等星より暗い星は7等星、8等星と数字が大きくなります。

絶対等級

星座の星ぼしの明るさは、距離がまちまちなので本当の明るさというわけではありません。そこですべての星を32.6光年のところにもってきて明るさをくらべると、本当の明るさがわかることになります。そのときの明るさが"絶対等級"です。太陽があんがい平凡な明るさの星であることがわかりますね。

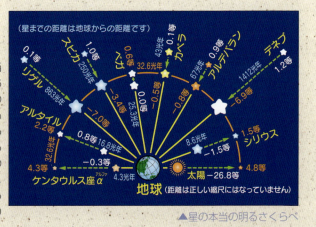

▲星の本当の明るさくらべ

星空のものさし —— 星の間隔のはかり方

天体のみかけの大きさや星と星との間隔、地平線からの高さなどは、何メートルなどといわずに、すべて角度でいいあらわします。たとえば北斗七星の長さは25度あるとか、北極星の地平線からの高さは、35度あるとかいいあらわすわけです。

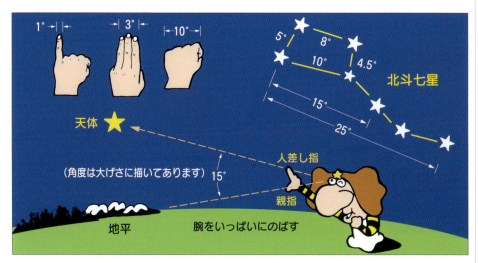

▲星の角度のはかり方　大まかな角度を知りたいときには、自分の目の前に腕をいっぱいにのばして見たとき、手のひらや指のひらきの間隔、にぎりこぶしがおよそどれくらいの角度になるかをおぼえておくと星のものさしとして便利に使えます。

星の距離

星ぼしまでの距離はものすごく遠くて、メートルやキロメートルでは数字が大きくなって不便です。そこで1秒間に30万キロメートル進む光のスピードで、1年間かかって届く距離を"1光年"といいあらわす単位を使います。1光年はおよそ9兆5000億キロメートルになります。

▲星までの距離のあらわし方

星座早見の使い方 ……… 星座ソフトも便利

一晩の星の動き"日周運動"と、季節で移りかわる"年周運動"の組み合わせで、星空のようすは、月日や時刻とともに刻こくと移りかわっていきます。その星座のようすを手っとり早く知りたいとき、

▲星座ソフト　パソコンのモニター画面上で星座の動きを見たり、星座や天文現象の情報を得たりするのにとても便利なものです。

▲いろいろな星座早見　星が光るものなど、さまざまに工夫されたものがあります。本屋さんや科学館などで手に入ります。

便利に使えるのが"星座早見"です。本屋さんなどで手に入りますので、ぜひ用意することにしましょう。また、星座ソフトがあると星空のようすを、パソコンの画面で手軽に楽しむことができます。

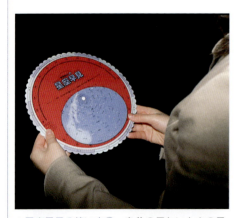

▲星座早見の使い方①　自分の見たいときの月日の目盛りと時刻の目盛りを、星座盤を回転させながら一致させると、星空の窓の部分に、そのとき見えている星空があらわれてきます。とても手軽で簡単に使えるので便利です。

▲星座早見の見方②　自分の立っている場所での東西南北の方位をしっかりたしかめておき、星座早見の方位と一致させ、頭上にかざして実際の星空と見くらべ、星座を見つけるようにします。明るい星を最初の目じるしにしましょう。

双眼鏡の見方 ── しっかりささえて見よう

星座を見つけるとき、双眼鏡があると、夜空の明るい場所で、星が見えにくいときや、星座の中にひそむ星雲・星団などを見るとき、とても手軽に確認できて好都合です。もし、双眼鏡があれば、どんなものでもかまいませんので用意しましょう。

▲しっかりささえる　手でもっただけでは、視野がゆれて見えにくいので、腕やからだをしっかりしたものにささえて見るようにします。

▲三脚に固定　カメラの三脚に双眼鏡を取りつけ、イスに腰をおろし安定して見ると、双眼鏡でもじつにたくさんの天体が楽しめます。

方位をたしかめよう

星空ウォッチングでは、自分の立っている場所での東西南北の方位を、まずしっかりたしかめておくようにします。おおよその方向は、昼の太陽の位置や磁石でもわかりますが、北極星を見つければ、真北の方向を正確に知ることができることになります。子午線というのは、天頂を通る南北の線のことです。なお、方位角は北から東まわりと南から西まわりにはかる場合があります。

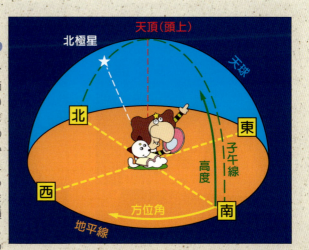

▲方位の見つけ方

天体望遠鏡 ……………………… 使い方と見方

星空ウォッチングは目で見て楽しめるので、天体望遠鏡などの、特別な道具だては必要ありません。その星座の中にひそむ大きな星雲・星団などは双眼鏡でも見えるので、これまた天体望遠鏡のような、大げさな道具を必要としません。

しかし、星座の中にある星雲・星団や二重星などのようすを、もっとはっきり大きく拡大して見たいときなどには、やはり天体望遠鏡があると見える天体の数はぐんと増え、天体ウォッチングの楽しみは、さらに大きなものとなります。できれば、一歩進んだ段階の天体ウォッチングのために、天体望遠鏡を用意されることをおすすめしておきましょう。最近は、天体の位置を詳しく知らなくても、天体を自動的にとらえてくれる、自動導入の

▲淡い天体の見方 ぼうっとひろがる星雲などは、視線を少しそらし気味にして見た方が、かえってよく見えることがあります。

架台の望遠鏡もあり、天体ウォッチングが簡単にできるようになってきています。詳しい解説は294ページにあります。

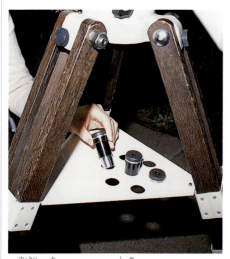

▲倍率を変えて見よう 視野の広い低倍率で見たり、倍率をアップして見たり、同じ天体を倍率を変えて見るのも、興味深いといえます。

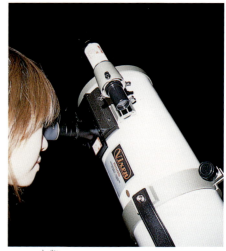

▲楽な姿勢で見よう 天体望遠鏡を見るときには、イスに腰かけたり、落ち着いた楽な姿勢で見ましょう。ウォッチングがずっと楽しくなります。

星雲・星団 ─ 星空の宝石を見よう

星空ウォッチングを楽しんでいると、星とはちがう、ぼんやりとした天体を目にすることがあります。アンドロメダ座大銀河M31や、オリオン座大星雲M42などといった星雲・星団たちです。

天上にひそむ宝石にたとえられる星雲・星団の姿を双眼鏡や望遠鏡で見るのは、とても楽しいものです。

▶シャルル・メシエ
星雲・星団の頭につく記号は、カタログの略称です。Mはフランスの天文学者シャルル・メシエ(1730～1817年)が作ったカタログにある番号で、小望遠鏡でよく見えます。

M45

▲散開星団　双眼鏡や小望遠鏡でも星つぶがわかります。年齢の若い星たちのまばらな集まりです。

ω星団
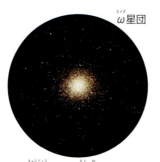

▲球状星団　年老いた星たち数十万個が、ボールのように丸くびっしり群れ集まっているものです。

M20

▲散光星雲　冷たいガスやチリなどが、近くの星の光に刺激され、ぼうっと輝いているものです。

M1

▲超新星残骸　非常に重い星が、その一生を終わるとき超新星の大爆発をおこし飛びちったものです。

M57

▲惑星状星雲　太陽くらいの重さの星が、一生を終えるときの姿で、まるで惑星のような形に見えます。

M101
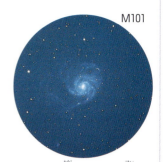

▲銀河　私たちの銀河系と同じ数千億個の星の大集団で、渦巻銀河、楕円銀河などと姿形はさまざまです。

二重星 — 美しい星のカップル

二重星というのは、ごく接近して2つの星がならんで見えるものをいいます。美しい星のカップルとでもいった方が、わかりやすいかもしれません。

二重星には、北斗七星のミザールとアルコルのように、肉眼で見えるものもあれば、双眼鏡でわかるもの、天体望遠鏡でやっと分かれて見える非常に接近しているものなど、じつにさまざまな組み合わ

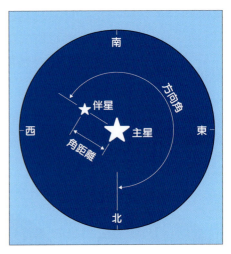

▲二重星の見え方　明るい方を主星、暗い方を伴星といい、どの方向に見えるかを"方向角"または"位置角"で、両者の間隔は"角距離"で示します。

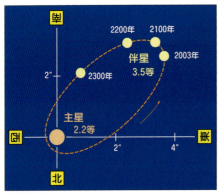

▲連星　見かけ上接近して見えるだけでなく、2つの星が実際にめぐりあっているペアもあり、非常に長い時間のうちに位置が変わります。

せのものがあります。

2つの星だけでなく、3つの星が接近して見える三重星、4つの星がひとかたまりになった、四重星などもあります。そんな星の組み合わせをさぐりあてていくのも、楽しみといえます。

月の満ち欠けと月齢

月の満ち欠けのようすを、新月から経過した日数であらわしたのが"月齢"です。月齢7〜8日が半月状に欠けた上弦のころ、月齢15日が満月のころとなります。天体ウォッチングにとって、夜空に月明かりがあるかどうかは、淡い星や星雲・星団などの見え方に影響するので、月が出ているかどうかを知るのも大切です。新聞などの暦欄などで月齢、月の出入りの時刻がわかります。

▲満月

変光星 ……… 明るさを変える星

星座を形づくっている恒星は、位置も明るさも変化しませんが、中には明るさを変えるものもいくつかあります。これが文字通り"変光星"とよばれるものです。肉眼ではっきり明るさがかわるのがわかるのは、くじら座のミラなどそう多くありませんが、双眼鏡があると、観察して楽しめる変光星の数は増えます。もちろん、たった1度見ただけでは明るさが変化したかどうかはわかりませんので、周囲の明るさの変わらない星と見くらべながら何度も見るようにします。

▲かんむり座R星の変光　突然暗くなるもので、いつ減光しはじめるのか、予測できないタイプの変光星です。くじら座のミラのように肉眼で見

えたり見えなくなったりするものから、変光のごく小さなものまで、じつにさまざまな変光星があります。

彗星の出現

長い尾をひいて、星座の中を移動していく彗星ほど魅力的な天体もありませんが、肉眼で見えるような明るい彗星は、5年か10年に1度くらいしかあらわれません。しかし、双眼鏡で見えるくらいの小さなものなら年に1個くらいは出現します。新発見の彗星などの情報は、天文雑誌や天文台などのウェブサイトで知ることができます。

▲肉眼で見えたヘール・ボップ彗星（1997年）

夏の星空ウォッチング
―天の川と七夕の星を見よう―

　思いっきり夜ふかしできる夏休みは、絶好の星空ウォッチングのシーズンです。都会を離れ、星空の美しい高原や海辺へ出かけ、飛び交う流れ星や、ロマンチックな七夕伝説など、尽きない星の話題とともに星空を眺めれば心豊かなひと夜がすごせます。
　そんな中で注目したいのは、南の地平線から立ちのぼる、光の入道雲のような天の川の光芒でしょう。不思議なその輝きをあおぎながら、私たちが住む星の大集団"銀河系"の姿と、その正体に迫ってみましょう。

デネブ

ベガ
（織女星）

アルタイル
（牽牛星）

夏の天の川の輝き

夏の星座　銀河系（天の川銀河）をさぐる

夏休みは、思いっきり夜ふかしして、星を楽しむことができる星のシーズンです。まず目にしたいのはいて座とさそり座付近の明るい天の川の光で、夜空さえ暗ければ、肉眼でもよく見えます。その天の川が、頭上のあたりまでのびてきたあたりに、七夕の織女星（織り姫）と牽牛星（彦星）が輝いています。

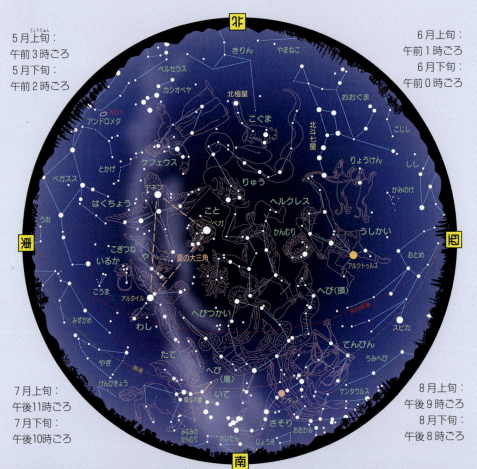

5月上旬：午前3時ごろ
5月下旬：午前2時ごろ

6月上旬：午前1時ごろ
6月下旬：午前0時ごろ

7月上旬：午後11時ごろ
7月下旬：午後10時ごろ

8月上旬：午後9時ごろ
8月下旬：午後8時ごろ

▲**夏の全天**　上の円形星座図は、夏の宵のころの星空全体のようすを示したもので、円の中心のあたりが頭の真上"天頂"にあたります。頭上にかざして実際の星空と見くらべますが、このとき自分の立っている場所での東西南北の方位と、星座図の方位を一致させてもち見くらべるようにします。この星座図は、頭上にかざして見る星座図なので東西は、地図のものとは逆になっています。夜空の明るい町の中では、暗い星が見えにくいので、明るい星だけを手がかりに星座を見つけることになりますが、"夏の大三角"がよい目じるしになってくれます。

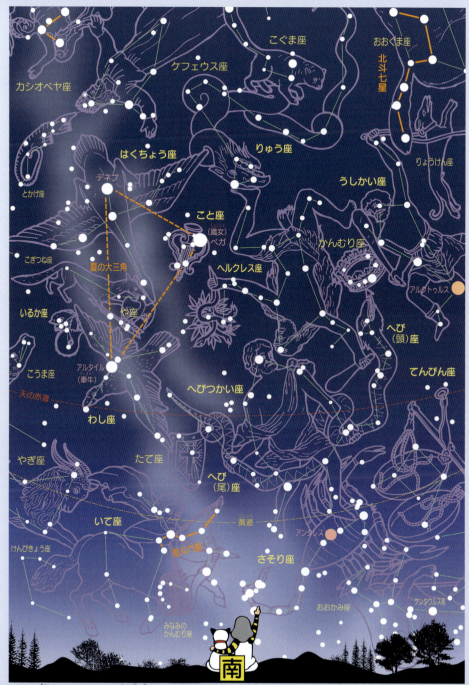

▲夏の宵の南の空　この星座図は、42ページの円形の全天図の南の空で、見えやすくなっている部分をアップにして見たものです。天の川がよく見え、頭上の付近には七夕の織女星ベガと、牽牛星アルタイル、それにデネブの3個の1等星が形づくる"夏の大三角"が目をひきます。

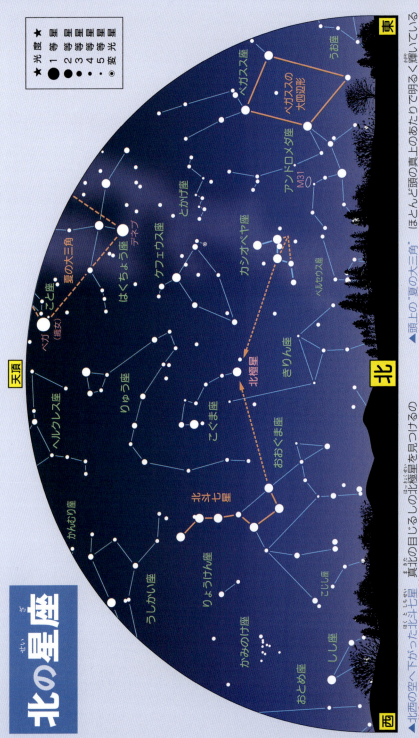

▲頭上の"夏の大三角" ほとんど頭の真上のあたりで明るく輝いているのは、七夕の織女星としておなじみのこと座のベガです。これにはくちょう座のデネブと、南の空のわし座のアルタイルの3個の1等星を結んでできるのが夏の星座さがしのよい目じるしになる"夏の大三角"です。

▲北西の空へ下がった北斗七星 真北の目じるしの北極星を見つけるのに便利な北斗七星は、北西の空低くさがってきています。一方で北東の空からは、同じく北極星を見つけるのによい目じるしになる、カシオペヤ座のW字形が姿を見せてきています。

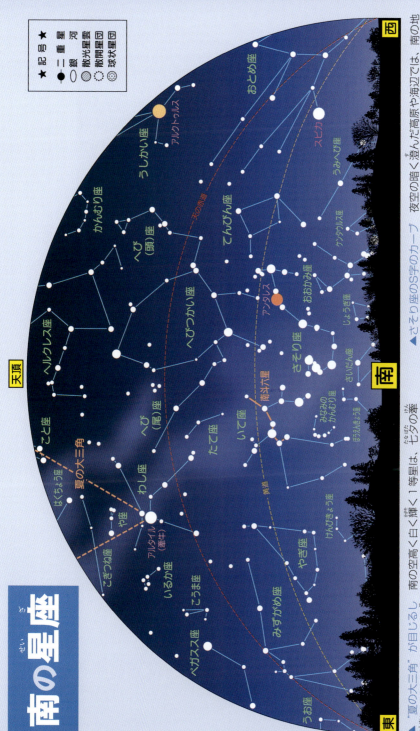

南の星座

▲ "夏の大三角" が目じるし 南の空高く白く輝く1等星は、こと座のベガ、はくちょう座のデネブ、七夕の牽牛星としておなじみのわし座のアルタイルです。このアルタイルと頭上に輝くこと座のベガ、はくちょう座のデネブを結びつけると大きな三角形ができあがります。夏の星座さがしの目じるし "夏の大三角" です。

▲ さそり座のS字のカーブ 夜空の暗く澄んだ高原や海辺では、南の地平線から光の帯となって立ちのぼる天の川のほぼ全てがよく見えています。その天の川の西側で、真っ赤な1等星アンタレスを中心に、S字状のカーブを描いて星がつらなるのがさそり座で、とてもよく目につきます。

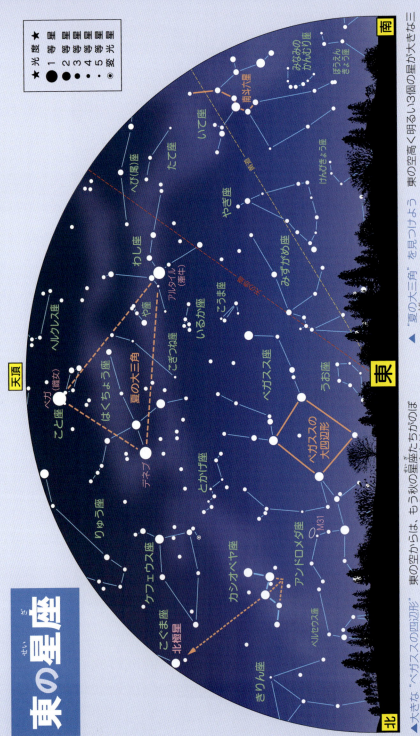

東の星座

▲ "夏の大三角"を見つけよう　東の空高く明るい3個の星が大きな三角形を描くようにならんでいるのが有名な"夏の大三角"です。いちばん高くのぼって目につくのは4個の星が真四角にならんだ"ペガススの大四辺形"です。地平低い星座は朝日やタ日が大きく角のほうで明るいのがこと座の織女星ベガで、天の川をはさんで右側んだ"ペガススの大四辺形"です。地平低い星座は朝日やタ日が大きくように低いのが牽牛星アルタイル。左側がはくちょう座のデネブです。

▲ 大きな"ペガススの大四辺形"　東の空からは、もう秋の星座たちがのぼりはじめてきています。なかでも目につくのは4個の星が真四角にならんだ"ペガススの大四辺形"です。地平低い星座は朝日やタ日が大きく感じて見られるように、いつもよりずっと大きく見えるものです。

西の星座

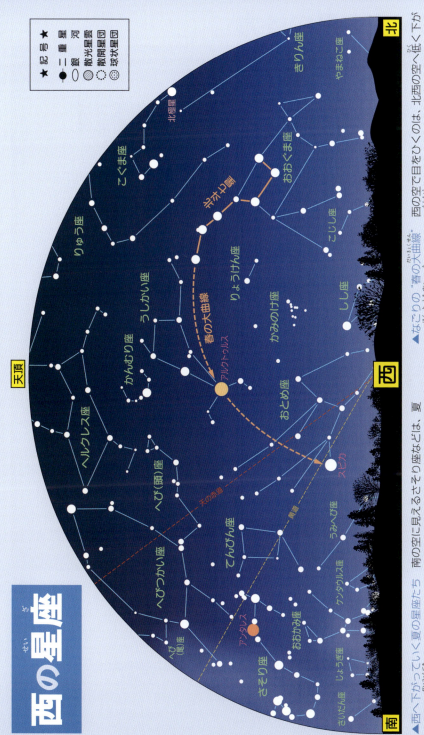

▲西へ下がっていく夏の星座たち　南の空に見えるさそり座などは、夏の星座の代表的なものですが、あんがい早く南西の空へ下がりはじめるので、夏の宵のころ早目に見ておく方がいいといえます。てんびん座ども、うっかりすると見わすれてしまうこともあります。

▲なごりの"春の大曲線"　西の空で目をひくのは、北西の空へ低くなった北斗七星の柄のカーブを延長してアルクトゥルスからスピカへとたどる美しい"春の大曲線"です。まだ西の空に見えていて、西の地平線に対して山なりのカーブを描くように見えるのが印象的といえます。

夏の星座の見つけ方

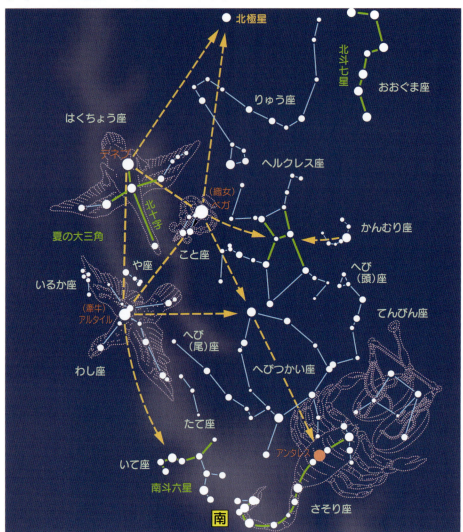

▲夏の星座の見つけ方　七夕の織女星ベガと牽牛星アルタイル、それにはくちょう座のデネブの3個の1等星を結んでできる"夏の大三角"を目じるしにすると、夏の星座は見つけやすくなります。つまり、3角形の各辺をあちこちに延長して星座や星の位置の見当をつけるわけです。また、夜空の暗い場所では、天の川もよく見えますので、天の川ぞいにある星座の位置も見当がつけやすいといえますが、都会の夜空は明るいので残念ながらその天の川が見えません。

▶夏の星座の見ものたち　49ページの星図に示してある星雲・星団や二重星などは、双眼鏡や天体望遠鏡で見て楽しめるものです。夏の見ものたちのほとんどは、天の川の中にありますので、双眼鏡や望遠鏡を天の川にそって動かしていくだけで、視野の中に星雲や星団がつぎつぎに入ってきます。とくに注目したいのはいて座の散光星雲M8とM20、こと座の環状星雲M57、こぎつね座の亜鈴状星雲M27などで、小さな望遠鏡でもよく見えます。

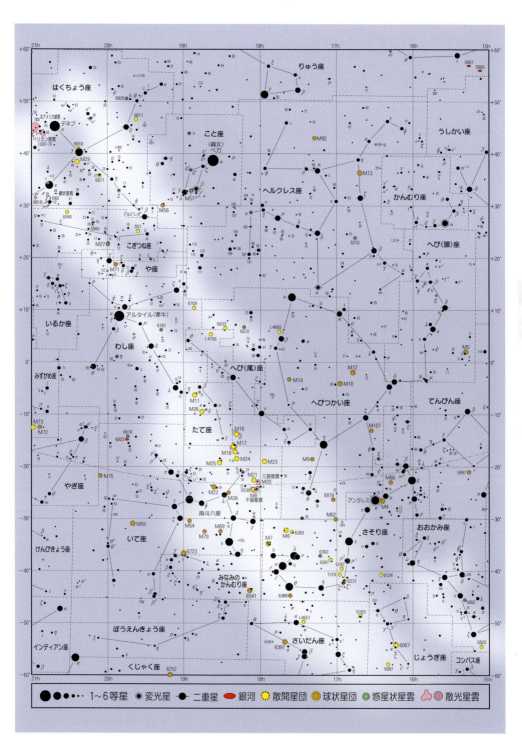

天の川の正体をさぐる ……… 夏の星空で

夏の宵、七夕の牽牛星と織女星の間をぬって、真南の地平線へと流れくだる、明るい天の川の輝きをながめるほど、すてきなことはありません。
天の川のことを中国では"銀河"とよび、西洋では"乳の道・ミルキィ・ウェイ"とよび、その正体は、天の裂け目からもれた天界の光だとか天上にかかる光の橋だとか、亡くなった人が、天にのぼる道などと昔の人びとは、さまざまにイメー

▲淡い冬の天の川　夏の天の川は、とても明るく肉眼でよくわかりますが、冬の天の川はかすかなのでわかりにくいことがあります。矢印の間に淡く見えるのが、その冬の天の川です。

▲夏の天の川　真南の地平線のあたりから、頭上の牽牛、織女の七夕の星付近まで、とても明るく肉眼でもよく見えます。

ジしてきました。それをはじめて無数の星の集まりと見やぶったのは、手作り望遠鏡を天の川に向けたガリレオでした。今から400年前のことです。
「天の川は光の雲のように見えるけれど、本当は、数えきれないほどの、小さな星がびっしり集まってあんなふうに見えているものなんだ……」
ガリレオがそう見やぶったように、天の川の正体は、遠くにある無数の星の光がおりかさなって、光の帯のように見えているものなのです。
では、どうして遠くの無数の光が、あのような光の帯のようになって見えているのでしょうか。それは、私たちが"銀河

▲南半球の天の川　50ページの夏の天の川から、下の日本から見えない南半球の部分の天の川です。つまり天の川は、夏から秋、冬の星空へと続き、さらに日本から見えない南半球の星空へとのび、私たちをとりまくように星空をぐるりと1周して見えているわけです。

▲真横から見た渦巻銀河NGC4565　銀河系を真横から見ると、こんな姿をしています。天の川の姿ににていることがわかります。

"系"とか"天の川銀河"とかよばれる2000億個もの星の大集団の一員として、その中に住んでいるからなのです。

銀河系は、直径ざっと10万光年もある、平たい円盤状に星がうずまき、中心部があのUFOのようにぷっくりふくらんだ姿をしています。私たちの地球のある太陽系は、その中心から、2万8000光年もはなれたところに位置しています。

そこで、銀河系の中心方向にあたる夏の天の川が、いて座付近であんなに明るく幅広く見え、反対方向の冬の天の川が、淡くしか見えないというわけなのです。

▲真上から見た渦巻銀河NGC2997　銀河系も真上から見ると、こんな渦巻状に無数の星が集まった姿をしているのがわかることでしょう。

▲球状星団M15　平たい円盤状の銀河系の周辺には、球状星団が点々とあって、銀河系は淡いハローにふんわり丸くとりかこまれています。

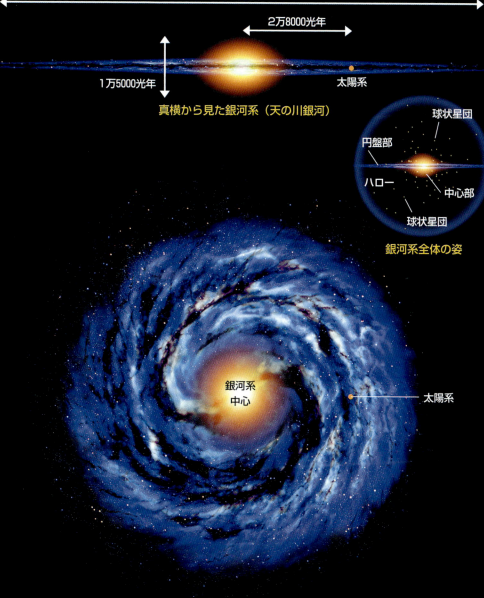

▲**銀河系の構造と天の川の見え方** 四季の星空をぐるりひとめぐりする天の川は、銀河系の星の集まりを、その中に住んでいる私たちが、内側からながめているものなのです。つまり、私たちは内側から見た銀河系の姿を、天の川としてながめているというわけです。

さそり座（蠍）

Scorpius（略符 Sco）
概略位置：赤経16h49m　赤緯－27°
20時南中：7月23日
南中高度：28°
肉眼星数：62個（5.5等星まで）
面積：497平方度
設定者：プトレマイオス

夏の日暮れのころ、南の空に真っ赤な1等星アンタレスを中心に、明るい星がS字形のカーブを描いてつらなっているのが、目にとまります。毒虫さそりの姿をあらわしたさそり座です。

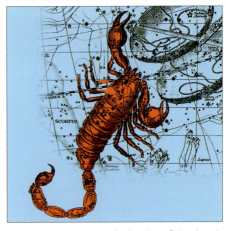

▲さそり座　大きなS字形のカーブは、とてもわかりやすく、冬のオリオン座とならんで形の美しい星座として人気があります。

▲いて座とさそり座　夜空の暗く澄んだところでは、夏の日暮れの南の空に、明るい天の川が輝いているのがはっきりわかります。いて座とさそり座の間で、とくに太く明るくなっているのは、52ページに解説があるように私たちの銀河系の中心がこの方向にあるためです。

▲さそり座　ギリシャ神話では、この大さそりは力自慢の狩人オリオンを刺し殺した毒虫で、このため、オリオン座はさそり座をおそれ、さそり座が東の空に姿を見せると、こそこそ西の空へしずみ、さそり座が西へしずむと、東の空に姿を見せるといわれます。おたがい星空の真反対に位置して、けっして同じ空に見えないことを、神話に結びつけたいい伝えです。

鯛釣り星

さそり座のS字のカーブは、釣り竿と針、あるいは大きな釣り針のようにも見えます。日本の瀬戸内海の漁師さんたちは、これを"鯛釣り星"とか"魚釣り星"などとよんでいました。南半球のニュージーランドでも星空にひっかかった釣り針と見ていました。

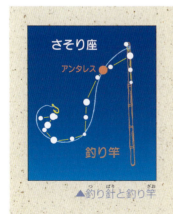

▲釣り針と釣り竿

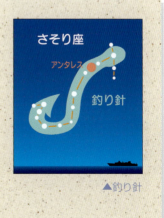

▲釣り針

赤色超巨星

夏の日暮れのころ、南の空でひときわ目をひくのは、なんといってもさそり座のS字のカーブの中ほどで、真っ赤に輝くさそり座の1等星アンタレスです。

その赤い輝きの印象から、中国ではアンタレスのことを"大火"などとよび、日本では"酒酔い星"などとよんでいた地方もありました。アンタレスが、あんなに赤いのは、ぶよぶよと巨大にふくらんで、表面温度が太陽のおよそ半分の3000度と、低いためなのです。

▲赤色超巨星アンタレス　太陽の直径のなんと720倍もある巨大な星です。年老いて大きくふくらんでしまったためです。

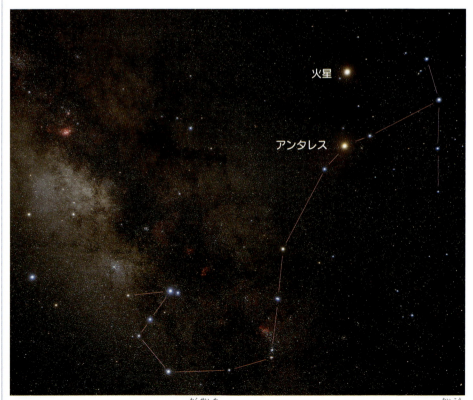

▲アンタレスと火星の赤さくらべ　赤い惑星火星アレースと、真っ赤な1等星アンタレスがならんで、まるで赤さくらべをしているようです。じつは、アンタレスの名は"火星に対抗（アンチ）するもの"という意味からきているもので、アンチ・アレースがあわさったものです。

▲アンタレス付近にひろがる散光星雲　肉眼ではまったくわかりませんが、長時間露出して写真に写すと、この付近には、ベールのように美しい散光星雲がひろがっているのがわかります。左下すみの明るい星がアンタレスで、その右側には球状星団M4の姿があります。

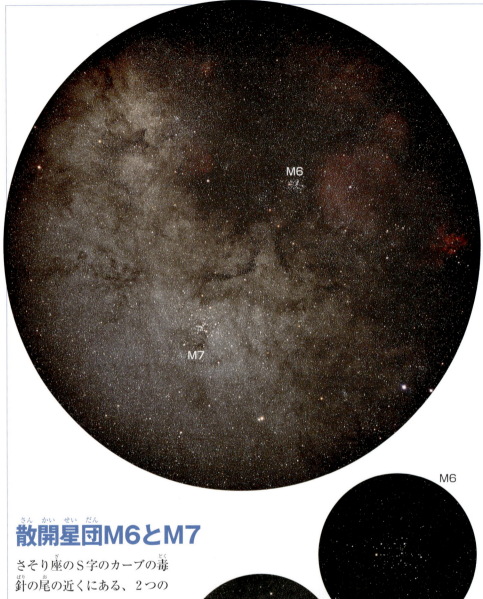

散開星団M6とM7

さそり座のS字のカーブの毒針の尾の近くにある、2つの明るい散開星団M6とM7のならんだ姿が、さそり座での一番の見ものといえます。どちらも肉眼でわかりますが、双眼鏡を向けると、上の写真のように星つぶがはっきり見え、散開星団とわかります。

▲散開星団M6(上) 天体望遠鏡ではひろがりすぎるので、M7(左)もどちらも低倍率で見た方が、星団らしさが味わえます。

▶ハッブル宇宙望遠鏡で見た球状星団M80 数十万個の星がボールのようにびっしり群れ集まっているのがよくわかります。

▼小望遠鏡で見た球状星団M80 丸みをおびたぼんやりした姿がわかりますが、星つぶまでは見えてきません。

球状星団M4とM80

無数の星たちが、マリモのように球状にびっしり群れ集まっているのが球状星団です。52ページのように私たちの銀河系の平たい円盤の外側あたりに点々と存在する、とても年齢の古い星の集まりというのが正体ですが、夏の夜空には、その球状星団がいくつも見えています。
さそり座では、アンタレスの近くにあるM4とM80に注目してみてください。双眼鏡では、小さなぼんやりとした姿にしか見えませんが、望遠鏡なら、M4の方は、球状星団らしさがわかります。

▲球状星団M4 天体望遠鏡で高倍率にすると、周辺の星つぶが見えてきます。

いて座(射手)

Sagittarius(略符 Sgr)
概略位置:赤経19h03m　赤緯-29°
20時南中:9月2日
南中高度:26°
肉眼星数:65個(5.5等星まで)
面積:867平方度
設定者:プトレマイオス

夏の南の空低く、天の川が一番明るくなったところに身をひそめているのが、上半身が人間で下半身が馬というケンタウロス族の馬人ケイローンの弓を射る姿をあらわした射手座です。

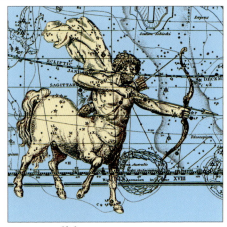

▲いて座　弓矢を射るこの馬人ケイローンは、62ページにあるように、ギリシャ神話の英雄たちに、教育をほどこした賢人とされています。

▲いて座付近の天の川　中央のふくらんだ平たい円盤状に2000億個もの星が群れる銀河系の姿を、その内側に住む私たちがながめているのが、天の川の正体です。いて座の方向に銀河系の中心方向があるため、いて座付近で天の川が、幅広く明るく見えるというわけなのです。

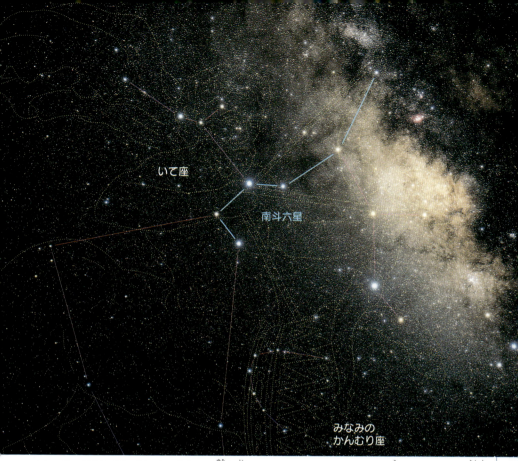

いて座

南斗六星

みなみの
かんむり座

▲**いて座** 明るい天の川の中にうもれて弓を射る、半人半馬の賢人ケイローンの姿は、少し見つけにくいかもしれませんが、北斗七星を小さくしてふせたような形に6個の星がならぶ"南斗六星"を目じるしにすれば、馬人のイメージが浮かんでくることでしょう。

北斗と南斗

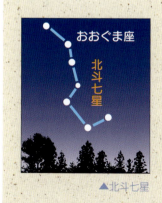

おおぐま座
北斗七星
▲北斗七星

夏の日暮れのころ、北西の空低く北斗七星が見えていますが、南のいて座には、6個の星が作る南斗六星が見えています。中国では北斗は死を司る神で、南斗は生を司る神とされ、人間の寿命は、2人の神が相談してきめるのだと考えられていました。

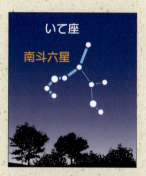

いて座
南斗六星
▲南斗六星

いて座の神話

●天の川は乳の道

天の川のことを英語では"ミルキィ・ウェイ"とよびます。乳の道という意味で、次のような神話が伝えられています。ギリシャ神話の英雄ヘルクレスが赤ん坊だったころ、大神ゼウスの妃ヘラが眠っているのを見つけたヘルメス神が、赤ん坊のヘルクレスをそっと抱きあげ、女神の乳房をすわせました。

びっくりして目をさましたヘラは、思わず、赤ん坊のヘルクレスを突きはなしましたが、ヘルクレスに強くすわれた乳首からは、勢いよく乳がほとばしり出て、星空にかかり天の川となって輝きだしたと伝えられています。それで天の川は乳の道"ミルキィ・ウェイ"とよばれているわけですが、いて座の南斗六星は、その天の川のミルクをすくうスプーンの形ににているというので、"ミルク・ディパー"ともよばれています。乳をすくうさじという意味の名です。

●賢者の馬人ケイローン

いて座になっている馬人ケイローンは、乱暴者ぞろいのケンタウロス族（いて座のずっと西よりで、ケンタウルス座となっています）の馬人でありながら、めずらしくとてもかしこく正義感の強い馬人でした。そして、音楽の神アポロンと月の女神アルテミスから音楽、医術、予言、狩りなどの技術をさずけられ、ペーリオンの山の洞穴に住んで、ギリシャの若い英雄たちに、つぎつぎと教育をほどこしていきました。

たとえば、ギリシャ神話で、一番の豪傑で12回もの大冒険をやりとげたヘルクレスには、武術をさずけました。

いて座の北で、へびつかい座になっているアスクレピオスには医術を教え、名医としました。

また、ふたご座のカストルには武術をさずけ、トロイア戦争の勇将アキレウスにも、武術を教えました。なかでも、アルゴ船の遠征隊をひきいて、金毛の羊の皮ごろもを取り返しに行った、イアンソンを育てたという話が知られています。

後に、ヘルクレスの放った毒矢があやまってケイローンのひざにグサリとつきささってしまいました。しかし、ケイローンは、不死身に生まれついていたため、苦しむばかりでした。そして、傷の痛みにたえかね、不死の身をプロメテウスにゆずって、やっと死ぬことができたと伝えられています。

▲いて座のケイローン

▲ケイローンとアポロン　半人半馬の奇妙な姿は、ギリシャの人々が、馬をたくみにあやつる騎馬軍団を目にして、人馬一体の怪物にちがいないと思いこんでしまったからともいわれます。それで、画面左すみ後方の馬人のような、乱暴者ぞろいと見られたのかもしれません。

星雲・星団がいっぱい

明るい天の川の中にある、いて座付近を双眼鏡や望遠鏡でさぐると、散開星団や散光星雲が、天の川の銀砂をしきつめたような、淡い光をバックに浮かびあがって見え、幻想的なながめとなります。

▲散光星雲M17　湖に浮かぶ白鳥のような形に見える散光星雲です。形のはっきりした見えやすいものです。

◀三裂星雲M20　暗黒帯でひき裂かれたように見えるところから、こんなよび名がつけられている散光星雲です。

▶双眼鏡で見たM8、M20、M23　視野が広い双眼鏡だと、いくつもの星雲・星団を同じ視野にとらえることができます。

▼球状星団M22　倍率を高くして見ると、星つぶが見えてきて驚かされることでしょう。ふっくら丸みをおびて見えます。

▲干潟星雲M8　ラグーン星雲ともよばれるように淡い星雲のひろがりが南海に浮かぶサンゴ礁のようなイメージで見えます。ただ、淡いものなので、夜空の暗い場所ほどひろがりが大きく美しく見られます。

▶干潟星雲M8の中心部　ハッブル宇宙望遠鏡で、上のM8の中心部をとらえたものです。宇宙にただようチリやガスが、竜巻のように渦巻いているようすがわかります。この中からは新しい星が生まれてきています。

てんびん座（天秤）

Libra（略符 Lib）
概略位置：赤経15h08m　赤緯−15°
20時南中：7月6日
南中高度：40°
肉眼星数：35個（5.5等星まで）
面積：538平方度
設定者：プトレマイオス

さそり座のアンタレスとおとめ座のスピカの間には、正義の女神アストラエアが、善悪をさばくために使ったといわれる"天秤座"の姿があります。

▲てんびん座　3個の星が、くの字を裏がえしにしたような形にならんでいるのが、てんびん座の目につく星のならびです。

▲肉眼二重星　裏がえしの"く"の字の折れまがりのところにあるアルファ星は、肉眼でもわかる二重星です。これは望遠鏡でアップして見たようすです。

◀てんびん座　もともとさそり座の一部だったものが、分割して独立したのがてんびん座です。

たて座（楯）

Scutum（略符 Sct）
概略位置：赤経18h37m　赤緯−10°
20時南中：8月25日
南中高度：45°
肉眼星数：9個(5.5等星まで)
面積：109平方度
設定者：ヘベリウス

いて座の明るい天の川の北側で、もうひとかたまり明るくなった天の川の部分が見えます。この天の川のあたりが、十字架の描かれた"たて座"になります。

▲たて座　1683年にトルコの大軍がウィーンの都へ攻め入ったとき、これをうち破ったポーランドの国王ヤン3世ソビエスキーの楯を記念して、ヘベリウスが新設した星座です。

▶たて座　画面上方の天の川がひときわ明るくなった部分は"スモール・スター・クラウド"ともよばれる、たて座の部分で、星を結びつけなくともわかります。たて座は、歴史上のできごとによって作られた唯一のめずらしい星座です。

▲散開星団M11　たて座は、星を結びつけるほどの、明るい星のない星座ですが、その明るい天の川の中ほどにある散開星団がM11で、小さな望遠鏡でもよく見えます。

へびつかい座(蛇遣)

Ophiuchus（略符 Oph）
概略位置：赤経17h20m　赤緯-8°
20時南中：8月5日
南中高度：47°
肉眼星数：55個(5.5等星まで)
面積：948平方度
設定者：プトレマイオス

頭の2等星のほかに明るい星がないので、夏の宵の南の空に立ちはだかる大きな将棋のコマのような、五角形のへびつかい座の姿を見つけるのは、やっかいです。

▲へびつかい座とへび座　この2つの星座は、別べつの星座として見るより、一体の星座として見た方がわかりいいといえます。

▲へびつかい座　へびつかいとはいっても、この巨人は、ギリシャ神話に登場する名医アスクレピオスの姿をあらわしたものです。大蛇は脱皮して、再生をはかる健康のシンボルと、当時のギリシャで考えられていたもので、名医がもつにふさわしいものなのです。

68

夏の星空ウォッチング

へび座（蛇）

Serpens（略符 Ser）
概略位置：赤経16h55m　赤緯＋5°
20時南中：頭 7月12日　尾 8月17日
南中高度：60°
肉眼星数：35個（5.5等星まで）
面積：637平方度
設定者：プトレマイオス

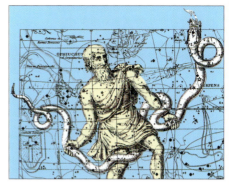

▲へび座とへびつかい座

へびつかい座にからまるへび座は、頭の部分と尾の部分が、西と東にわかれわかれになっている、めずらしい星座です。ただし、見あげるときは、へびつかい座と一体の星座と見るようにします。

▶散光星雲M16　へび座の尾の部分にある散光星雲で、中央部（矢印）に見える象の鼻のような暗黒部分をアップして見たのが下の写真です。

◀散光星雲M16の内部　3本の黒い柱のように立つのが、冷たいガスとチリからなる暗黒星雲です。この黒雲の柱の先端部分のツノのようにつきだしたところでは、いくつもの新しい星が誕生してきています。M16は、星の材料となるこれらの星間雲と、誕生した若い星の群れがかさなって見えている星雲なのです。

ヘルクレス座

Hercules（略符 Her）
概略位置：赤経17h21m　赤緯＋28°
20時南中：8月5日
南中高度：82°
肉眼星数：85個（5.5等星まで）
面積：1225平方度
設定者：プトレマイオス

ヘルクレスは、ギリシャ神話で12回もの大冒険をやりとげた英雄です。しかし、星座には明るい星がないうえ、頭上でさかさまのかっこうで見えているので、その姿を見つけだすのにちょっぴり骨が折れるかもしれません。ていねいに星をたどって見つけだしましょう。

▲球状星団M13　ヘルクレスの腰のあたりにある明るく大きな球状星団です。双眼鏡でもぼんやり丸く見えますが、望遠鏡で倍率をアップすると、無数の星がびっしりボールのように群れて見えてきます。

▲ヘルクレスの大冒険　最後の12回目の大冒険では、頭が3つもある地獄の入り口を守る番犬ケルベロスをつれてきて、その仕事を命じた王をびっくりさせました。ヘルクレスが退治したおばけライオンのしし座や水へびヒドラのうみへび座、大がにのかに座などは星座になっていますので、神話を読みながら春の宵の星空で、それらの星座の姿を見つけだしてみてください。

▲ヘルクレス座　12回もの危険な大冒険をやってのけた英雄ヘルクレスの姿は、意外にも淡い星ばかりで形づくられています。夏の宵のころ、頭の真上にやってきますので、棍棒をふりかざすさかさまの巨人の姿を星をていねいにたどって、描きだしてみましょう。ヘルクレス座の大まかな位置は、七夕の織女星ベガと半円形のかんむり座の間で、およその見当がつけられます。

りゅう座（竜）

Draco（略符 Dra）
概略位置：赤経15h09m　赤緯＋67°
20時南中：8月2日
南中高度：58°
肉眼星数：79個（5.5等星まで）
面積：1083平方度
設定者：プトレマイオス

▲りゅう座　世界の西の果て、ヘスペリデスの花園で、黄金のリンゴの木の番をしていたのが、この火を吹く竜の正体です。

七夕の織女星ベガの北にある、小さな四辺形の星のならびが竜の頭部にあたり、ここから北へ向かって体をくねらせるように折れまがりながら、北の空をぐるり半周するのが、りゅう座の姿です。

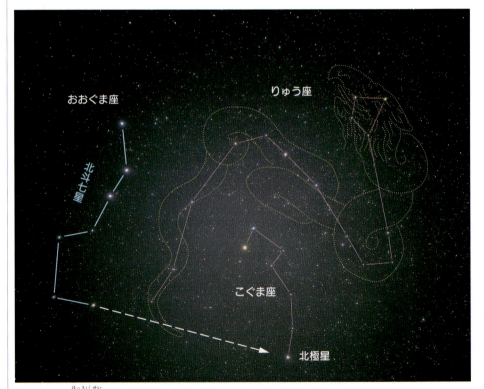

▲りゅう座　北極星の近くにある星座なので、1年中地平線にしずむこともなく見えていますが、日暮れのころ北の空高くのぼって、より見えやすくなるのは夏のころとなります。北極星や北斗七星、七夕の織女星などから位置の見当をつけると見つけやすいでしょう。

夏の星空ウォッチング

▲**北の空の星座たち** 中央付近にはりゅう座をはじめ、こぐま座、カシオペヤ座、ケフェウス座など、1年中いつでも北の空に見えている星座たちの姿が描かれています。

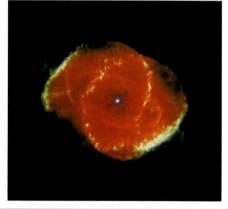

▶**キャッツアイ星雲NGC6543** りゅう座の中央にある宝石キャッツアイ（猫目石）を思わせるような、美しい惑星状星雲をハッブル宇宙望遠鏡でとらえたものです。

こと座（琴）

Lyra（略符 Lyr）
概略位置：赤経18h49m　赤緯＋37°
20時南中：8月29日
南中高度：90°（天頂）
肉眼星数：26個（5.5等星まで）
面積：286平方度
設定者：プトレマイオス

音楽の名手オルフェウスが、たずさえ愛用していた竪琴をあらわしたのがこと座です。つまり、明るい1等星ベガが竪琴をかざる宝石、4個の星で形づくる小さな平行四辺形が、弦をはった部分と見るわけです。そのオルフェウスにまつわる星座神話は、76ページにあります。

一方、1等星ベガは、私たちには七夕の織女星、または織り姫星としておなじみの星でもあります。

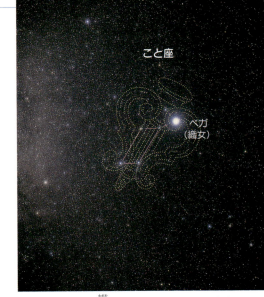

▲こと座　明るく輝く1等星ベガは、北の夜空の女王とたたえられる星ですが、ベガの名前の意味は"落ちる鷲"です。近くの星2個と結んで、"ヘ"の字の形を翼にたたんで、砂漠に舞いおりてくる鷲の姿と見たものです。

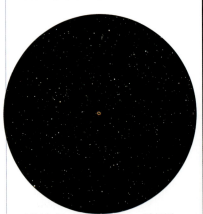

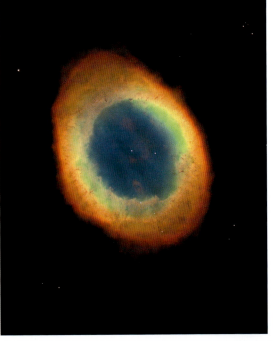

▲環状星雲M57　上は小さな望遠鏡で見たもの、右の写真は、ハッブル宇宙望遠鏡でとらえた姿です。指輪のようなこの惑星状星雲は、中央の小さな星が、一生の終わりに放出したガスがリング状にゆっくりひろがっているところです。私たちの太陽の最期も、こんな姿になることでしょう。

▶ "夏の大三角" 夏の頭上の天の川の中にできる、大きな三角形の星の結びで、夏の星座さがしのよい目じるしになってくれます。3個の1等星のくわしい明るさは、ベガが0.0等、アルタイルは0.8等、デネブは1.3等星です。同じ1等星でもベガが一番明るく見えます。

七夕の星

7月7日の夜だけ年に1度のデートを楽しむことができる、牽牛星と織女星の七夕伝説のことは、よく知っていますね。でも、牽牛星アルタイルと織女星ベガの実際の距離は14.8光年もはなれているのです。つまり、1秒間に30万kmのスピードで進む光で行っても、15年もかかるほどはなれているというわけです。これでは1年に1度のデートを楽しむことは、実際にはとても無理だとわかりますね。

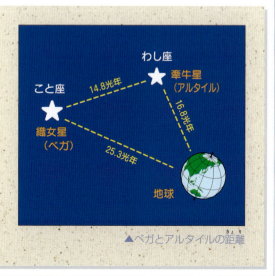

▲ベガとアルタイルの距離

オルフェウスの竪琴

●竪琴の音色

ギリシャ神話一番の音楽の名手オルフェウスは、美しいエウリディケを愛し、妻に迎えることになりました。しかし、2人の甘く楽しい生活も、長くはつづきませんでした。

エウリディケが、草むらにかくれていた毒へびをふみつけてかまれ、オルフェウスと声をかわす間もなく、息たえてしまったからです。

最愛の妻を失ったオルフェウスは、悲しみにくれましたが、なんとしても妻を生き返らせたいと願い、とうとう暗い洞穴をたどって、あの世の国へおりていく決心をかためました。

あの世の国の渡し守カロンは、死んでいないオルフェウスに影があるのを見ると、渡すことをことわりました。しかし、妻をしたうオルフェウスの悲しみに満ちた琴の音を聞くと、だまって船へまねきいれました。そして、あの世の国の入り

▲こと座　ヘベリウスの古星図に描かれているものですが、竪琴の姿は星図によっていろいろな姿に描かれています。

口を守っている首が、3つもはえている猛犬ケルベロスも、オルフェウスの琴の音にほえるのをやめました。

●大王との約束

やがて冥府の大王プルトーンの前に立ったオルフェウスは、心をこめて琴をかなで、妻をお返しくださいと願いでました。しかし、大王は「冥土の国のおきてをやぶるわけにはいかぬ」と、首をたてにふってくれません。

はじめのうち、そうことわっていた大王も、やがて琴の音に心をうたれたのか、エウリディケをつれてかえることをゆるしてくれました。

「ただし、地上に出るまではけっして妻の方をふりかえってはならぬぞ……」
これが大王との約束でした。

オルフェウスは、天にものぼる心地で妻のエウリディケの気配を背後に感じながら、ふたたび洞穴のけわしい道を地上へと急ぎました。

▲竪琴をかなでるオルフェウス　人も動物も、森の木々や岩でさえ、オルフェウスのかなでる琴の音に聞きほれました。

やがて、この世のなつかしい光と風が、ほのぼのと、洞穴の入り口から流れこんでくるのが、感じられるようになりました。

● 消えたエウリディケ

オルフェウスは、うれしさにたえかねて、そのとき、思わずエウリディケの方をふりかえってしまったのです。
「あっ」
オルフェウスが、さけび声をあげたのと同時に、エウリディケの姿は、すいこまれるように、今きたばかりの暗い道の奥へと消えてしまいました。
「エウリディケっ……」
オルフェウスは、おどろき悲しみ、妻の名をよびながら、もときた道へとってかえしました。
7日7夜、オルフェウスは、川べりに立って渡し守のカロンに、船にのせてくれるようにたのみましたが、こんどはいくら竪琴を鳴らしても耳をかさず船にのせてくれません。
オルフェウスは、こうかいと絶望のあまり、悲しい琴の音をかなでながら、あてどなく野山をさまよい歩く身となってしまいました。
あげくのはてに、祭りで酔ったトラキアの女たちに、曲をひけとむりじいされ、これをきき入れなかったばかりに石で打ち殺され、八つざきにされて、ヘブロス川に投げこまれてしまいました。そのようすをあわれに思われた大神ゼウスは、

▲ひろわれた竪琴　音楽の神ムサイにひろいあげられたオルフェウスの琴は、リベラの森にうめられたと伝えられています（モロー画）。

その琴をひろいあげると、星空にあげ、こと座としたといわれます。

静かな夜には、今もエウリディケをしたう、オルフェウスの悲しくも美しい竪琴の音が、星空から聞こえてくると伝えられています。こと座を見あげながら、耳をすませてみてください。

わし座(鷲)

Aquila(略符 Aql)
概略位置:赤経19h37m　赤緯＋4°
20時南中:9月10日
南中高度:58°
肉眼星数:47個(5.5等星まで)
面積:652平方度
設定者:プトレマイオス

▲わし座　ギリシャ神話では、大神ゼウスの使い鳥として雷電の矢をはこんだり、下界のニュースを伝える役目をしていました。

わし座の1等星アルタイルは、七夕の牽牛星としておなじみの星です。牽牛星の日本でのよび名は彦星ですが、牛かいの牽牛は、とても働き者のりりしい若者でした。

天帝は自分の娘で、毎日はた織りばかりに精をだしている織女をあわれに思われ、天の川の向こう岸に住む牽牛と結婚させることにしました。ところが新婚の甘く楽しい生活に入ると、2人は遊び暮らすようになってしまいました。怒った天帝は、2人をもとの天の川の両岸にもどし、1年に1度、7月7日の七夕の夜だけ会えるようにしてしまいました。

七夕は2人の年に1度のデートの日なのですが、はたしてどうなのでしょうか。75ページにそのお話があります。

▲織女星ベガ　直径が太陽の3倍もある星で、表面温度は9500度、太陽より、50倍もの明るさで輝いているすばらしい星です。

▲牽牛星アルタイル　直径は太陽の1.7倍、表面温度は8300度、織女星ベガより少しおとなしい星といえます。

▲アルタイルの形 わずか7時間で1周するという秒速250kmもの猛スピードで自転しているので、平べったいおもちのようにひしゃげています。

▶わし座 1等星アルタイルは"飛ぶ鷲"という意味の名です。アルタイルをはさんだ両わきにある星を1直線に結んで、翼をひろげて大空に舞う鷲の姿に見たものです。

七夕飾り

笹竹に願いごとを書いた、たんざくや、きれいな飾りをつるして、七夕飾りを作るのは、とても楽しいものです。7月7日の七夕のころは雨や、曇りの日が多いので、七夕は昔のカレンダー旧暦にしたがって8月の旧七夕、つまり、伝統的七夕の日に飾りつけをするのもいいでしょう。

▲仙台市の豪華な七夕飾り

はくちょう座（白鳥）

Cygnus（略符 Cyg）
概略位置：赤経20h34m　赤緯＋45°
20時南中：9月25日
南中高度：北80°
肉眼星数：79個（5.5等星まで）
面積：804平方度
設定者：プトレマイオス

七夕の織女星ベガと牽牛星アルタイル、それに、はくちょう座のデネブの3個の1等星を結んでできるのが、夏の星座さがしの目じるし"夏の大三角"ですが、はくちょう座は、その大きな三角形の中に長い首をつっこむようなかっこうの大きな十文字であらわされる星座です。

▲はくちょう座　翼をいっぱいにひろげて天の川の中を飛ぶ白鳥の姿は、とても見つけやすく、すぐ連想できることでしょう。尾に輝く1等星デネブから十文字に星を結びます。

▲北十字星　はくちょう座は、5つの星が大きな十文字を描く星座ですが、228ページにある南半球の南十字に対し、北十字とよばれることもあります。この星座図は、キリスト教の星図にあるもので、はくちょう座が十字架の姿に描かれています。

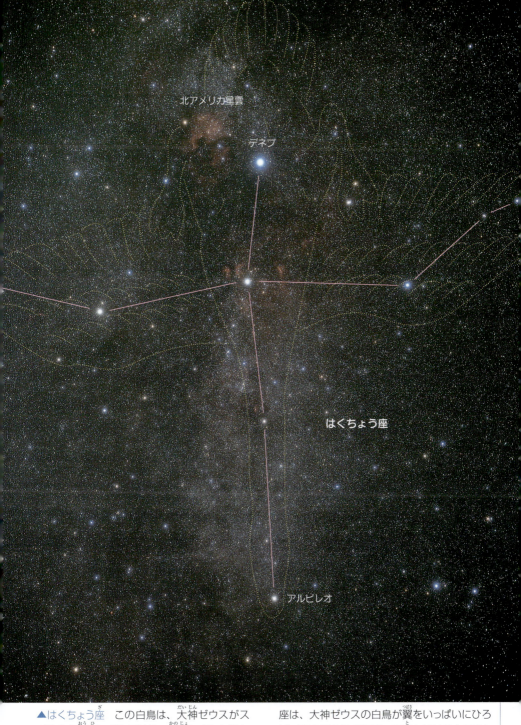

▲はくちょう座　この白鳥は、大神ゼウスがスパルタの王妃レダを見そめ、彼女に会いに出かけた変身した姿だとされています。はくちょう座は、大神ゼウスの白鳥が翼をいっぱいにひろげ、天の川の流れにそって飛んでいるところというわけです。

北アメリカ星雲

はくちょう座の1等星デネブは、1424光年のところにある超巨星で、太陽の5000倍もの明るさを放って輝いているものすごい星です。はくちょう座の見ものとしては、そのデネブの近くにある"北アメリカ星雲"にも注目してみたいところです。夜空の暗く澄んだ場所でなら、肉眼でもかすかにわかりますが、写真では北アメリカの地図そっくりに写ります。

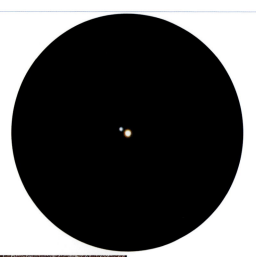

▲アルビレオ はくちょう座の口ばしのところに輝くアルビレオを望遠鏡で見ると、大小2つの星がぴったりよりそった二重星だとわかります。宮沢賢治の「銀河鉄道の夜」の物語にも登場しています。

◀北アメリカ星雲NGC7000 肉眼では、ほんとうにかすかにしか見えませんが、写真に写すと、こんなにあざやかに北アメリカの地図そっくりな姿に写しだされます。距離2000光年のところにある散光星雲です。

網状星雲とブラックホール

白鳥の十文字にひろげた、翼のエプシロン星の近くに、太陽の重さの25倍もある大きな星が、2万年前に超新星の大爆発を起こし、その超新星の残骸が飛びちっている"網状星雲"があります。双眼鏡ならその一部がごく淡く見えるだけのたよりないものですが、写真なら超新星の残骸らしさが、はっきり写しだせます。また、超重量級の星が、一生の終わりにブラックホールとなって、姿を消したものではないかとされるものが、はくちょう座の首の中ほどにあります。

▲網状星雲　1600光年のところで、大爆発を起こした超新星の残骸が、秒速80kmのスピードでひろがっているところです。

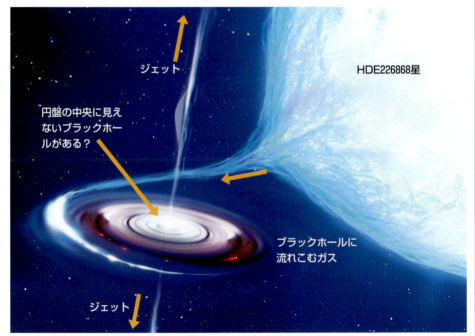

▲ブラックホールの想像図　はくちょう座の長い首の途中にあるHDE226868という9等星のまわりをめぐる天体は、ブラックホールではないかといわれています。ブラックホールからは、光も何も外にでてきませんので、直接その姿を見ることはできませんが、ブラックホールが、強い力で9等星に影響をあたえているようすを観察していると、9等星をめぐる目に見えない天体は、小さいのにすごい力をもつブラックホールとしか考えられないのです。

こぎつね座(小狐)

Vulpecula（略符 Vul）
概略位置：赤経20h12m　赤緯＋24°
20時南中：9月20日
南中高度：79°
肉眼星数：29個(5.5等星まで)
面積：268平方度
設定者：ヘベリウス

▲こぎつね座

はくちょう座の十文字のすぐ南に接するこぎつね座は、明るい星がないので、その姿がはっきりしない星座です。17世紀にこの星座を新設したヘベリウスは、「近くにわし座やはくちょう座があるのだから、この位置にガチョウを口にくわえた、小ギツネの姿はにつかわしいだろう」などといったといわれています。

▲あれい状星雲M27
こぎつね座の中ほどにある鉄亜鈴のような形のはっきりした惑星状星雲で、小望遠鏡でよく見えます。

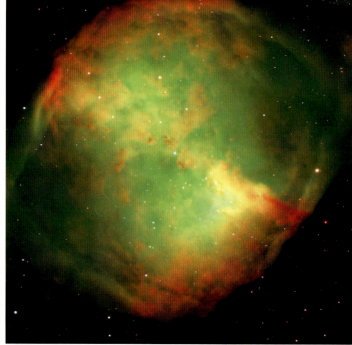
◀M27のアップ　中央に見える白くて小さな星のまわりにひろがるガス星雲が、美しい惑星状星雲です。私たちの太陽もおよそ50億年後にはこんな姿となって、一生を終えることでしょう。

▲**はくちょう座付近の星座** はくちょう座の十文字は、夏から秋にかけてのころ宵の頭上で目をひきます。この十文字を手がかりにすれば、天の川の中にある小さなこぎつね座、いるか座、や座などの星座は、すぐ見つけだせることになります。

や座(矢)

Sagitta（略符 Sge）
概略位置：赤経19h37m　赤緯＋19°
20時南中：9月12日
南中高度：73°
肉眼星数：8個(5.5等星まで)
面積：80平方度
設定者：プトレマイオス

▲や座の古星図絵

わし座のすぐ北に接する星座ですが、全天で3番目に小さなものです。しかし、4個の星が天の川の中で、矢じるしのような一文字を描いた姿は、意外にわかりやすく見つけやすいことでしょう。この矢の持ち主は、愛の神エロス（キューピッドともいいます）で、この矢に射られると、誰でも恋心をいだくようになります。

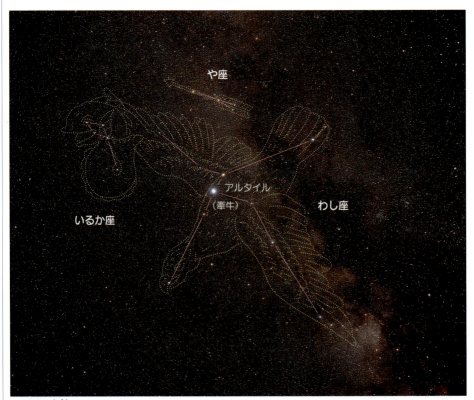
▲わし座付近　夏の明るい天の川の中にあるわし座では、1等星アルタイルが目につきます。そのアルタイルを目じるしにすれば、北よりにあるや座や、東よりにあるいるか座などの小さな星座はすぐ見つけだすことができます。なお、アルタイルは、七夕の牽牛星でもあります。

いるか座(海豚)

Delphinus（略符 Del）
概略位置：赤経20h39m　赤緯＋12°
20時南中：9月26日
南中高度：67°
肉眼星数：11個(5.5等星まで)
面積：189平方度
設定者：プトレマイオス

海の人気者、いるかの姿をあらわした小さな星座です。わし座の１等星アルタイルの東よりで、トランプのダイヤのような菱形の姿は、意外によく目だちます。

▲いるか座、や座、わし座

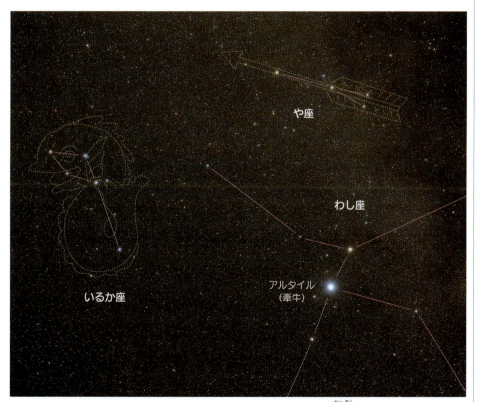

▲いるか座　小さな星がトランプのダイヤのような菱形にまとまっているので、小星座のわりに目につきやすいものです。ギリシャ神話では、このいるかは海賊におそわれて、海にとびこんだ楽人アリオンを救って、岸までおくりとどけてくれたとされています。

秋の星空ウォッチング

―― 神話の登場順に星座を見つけよう ――

秋の星空には、ひと目でそれとわかるほどの明るい星がなく、地上の景色ににてさびし気な印象を受けることでしょう。しかし、秋の星空には、古代エチオピア王国の星座神話劇に登場する星座たちが出そろっていますので、星座神話を読みながら、そのストーリーの登場順に星座たちの姿を見つけだしていくと、まるで絵巻物を見ているような楽しさが味わえることになります。つまり、秋の星空は、たった1つの物語に登場する人物や、動物たちで占められ、見かけよりずっと華やかな星空なのです。

アンドロメダ座大銀河M31

秋の星座

銀河の姿をさぐる

秋の夜空は、きれいに澄みわたっていますが、目をひくほどの明るい星がないので、なれないうちは見つけだすのに少し時間がかかるかもしれません。そんなとき、手がかりになるのが、頭上高くのぼった"ペガススの大四辺形"です。大きな四辺形の各辺をあちこちに延長していくと星座が見つけやすくなります。

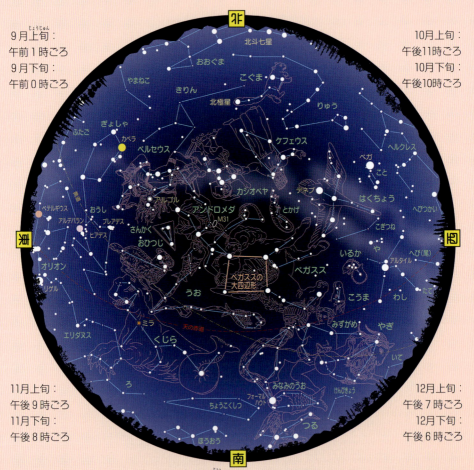

9月上旬：
午前1時ごろ
9月下旬：
午前0時ごろ

10月上旬：
午後11時ごろ
10月下旬：
午後10時ごろ

11月上旬：
午後9時ごろ
11月下旬：
午後8時ごろ

12月上旬：
午後7時ごろ
12月下旬：
午後6時ごろ

秋の全天のながめ 上の円形星座図は、秋の宵のころの星空全体のようすを示したもので、円の中心が頭の真上"天頂"にあたります。図の東西南北の方位を自分の立っている場所での方位に一致させ、頭上にかざして実際の星空と見くらべると秋の星座が見つけられます。頭上にかざして見る星座図なので、東西の方位が地図のものと逆になっています。星座図の周囲に示してある時刻は、この星空と同じようすが見られる月のデータですが、これによって星空の移りかわりは、1か月で2時間ずつ早く同じ星空が見られるようになることがわかります。

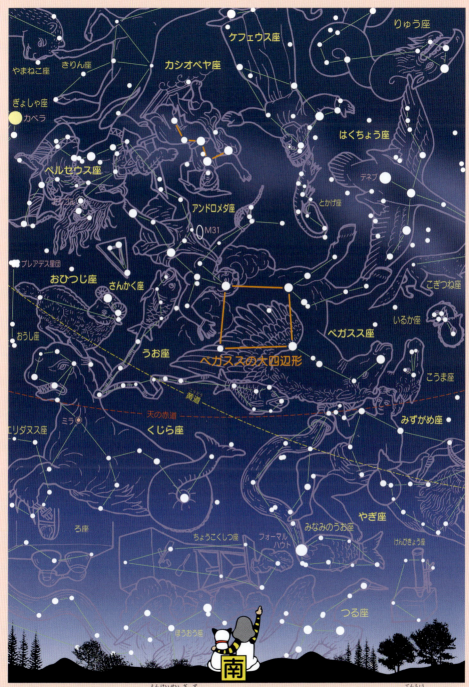

秋の星空のながめ 90ページの円形星座図のうち、真南に向かって見あげた部分だけをアップにして示したもので、"ペガススの大四辺形"の少し上のあたりが、頭の真上"天頂"にあたります。秋の夜空では、みなみのうお座の1等星フォーマルハウトも目だちます。

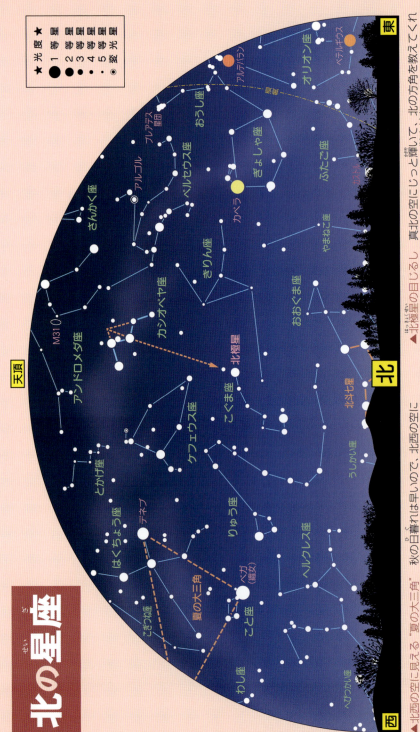

北の星座

▲北西の空に見える"夏の大三角" 秋の日暮れは早いので、北西の空にはまだ夏のなごりの"夏の大三角"が見えています。つまり、こと座のデネブなどの1等星がかがやく織女星ベガや牽牛星アルタイル、それにはくちょう座のデネブなどの1等星が見えていて、宵の早い時刻のころの星空はにぎやかです。

▲北極星の目じるし 真北の空にじっと輝いて、北の方角を教えてくれる北極星を見つける星として有名なものに北斗七星があります。しかし、秋の宵の空では、北の地平線低く下がって見ることができません。そんな北斗七星にかわって役立ってくれるのがカシオペヤ座のW字形です。

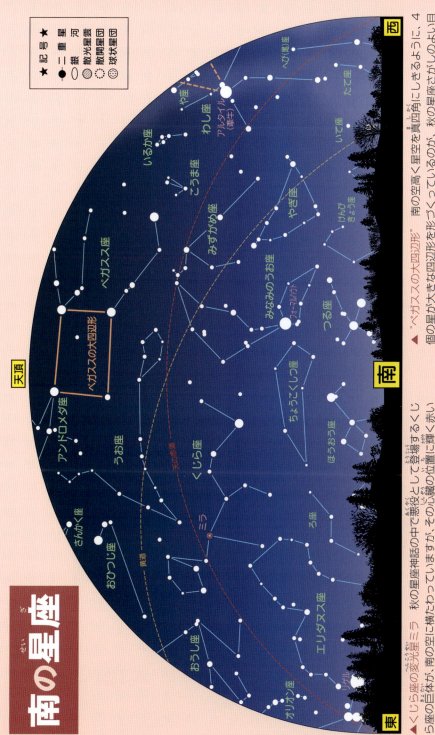

南の星座

▲くじら座の変光星ミラ 秋の星座神話の中で悪役として登場するくじら座の巨体が、南の空に横たわっていますが、その心臓の位置に輝く赤い変光星ミラは、2等星から10等星まで大きさを変えていきますので、時によってはミラが見えないこともあるので注意しましょう。

▲"ペガススの大四辺形" 南の空高く星空を真四角にしているように、4個の星が大きな四辺形をつくっているのが、秋の星座のよい目じるしとなってくれる"ペガススの大四辺形"です。四角形の各辺にあるうす星や星座の位置を延長していくと、淡い星や星座の見当がつけられます。

東の星座

▲カシオペヤ座のW字 北東の空高くカシオペヤ座のW字形が見えていますが、これが、古代エチオピア王国のカシオペヤ王妃の姿だそうです。その近くにはペルセウス座や、アンドロメダ座が見えていますので、秋の星座神話の物語の登場順に星座の姿を見つけだすとよいでしょう。

▲早くも姿を見せている冬の星座たち 東の空低く星空が、とてもにぎやかな印象で見えています。次の季節の冬の星座たちが、姿を見せはじめているからです。中でも目につくのは、おうし座のプレアデス星団で、小さな星がホタルの群れのように、ひとかたまりになっています。

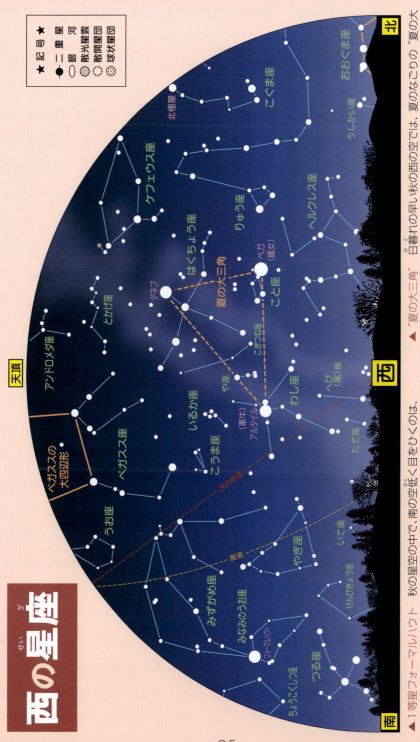

秋の星座の見つけ方

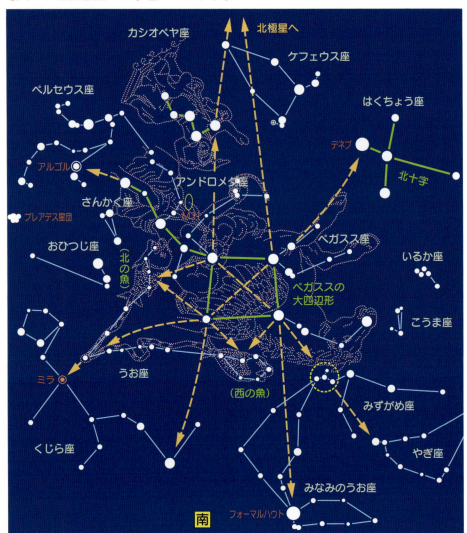

▶**秋の星座の見つけ方** 明るい星の少ない秋の星空の星座ウォッチングで、よい手がかりをあたえてくれるのは、頭上あたりに見える"ペガススの大四辺形"です。4個の星が形づくる大きな4角形で、その各辺へあちこちに延長していくと、秋の星座や星の位置をたしかめることができます。秋の星空には、古代エチオピア王国にまつわる、1つの星座神話に登場する星座たちで占められているので、神話を読んでみるのがいいといえます。

▶**秋の星座の見ものたち** 97ページの星図に示してある星雲・星団や二重星などは、双眼鏡や天体望遠鏡で見て楽しめるものです。また秋の星空には、肉眼でも見えるものもありますので、まずそんな大型のものから注目して見てください。その第一は、アンドロメダ座の大銀河M31です。小さな雲の切れはしのようなぼんやりした姿はすぐわかります。第二は、ペルセウス座の二重星団で、秋の天の川がとくに濃くなった部分のように見えます。

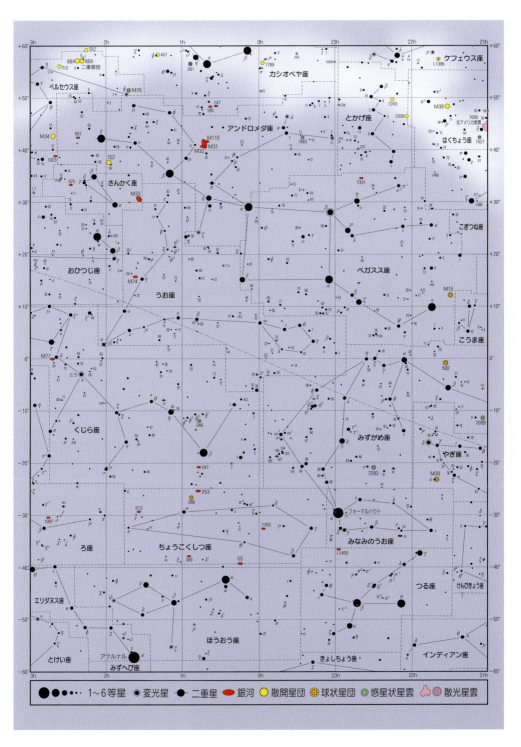

銀河の姿をさぐる —————— 秋の星空で

秋の星空は、古代エチオピア王国にまつわる星座神話劇に登場する人物たちなどの星座でいっぱいですが、その中の美しいヒロイン、アンドロメダ座の腰のあたりに注目すると、小さなぼんやりした天体が目にとまります。
あれが有名なアンドロメダ座大銀河M31の姿で、双眼鏡で、見ると細長くぼんやり

▲双眼鏡で見たM31　肉眼でははっきりしなかったM31も、双眼鏡を向けると銀河らしさがわかるようになってきます。よく見るとM31のそばにあるおともの銀河M32とM101も、ごく小さいながらわかりますので、これにも注目してみましょう。

◀肉眼で見たM31とM33　アンドロメダ姫の腰のあたりに、小さな雲の切れはしのように、ぼんやりした姿として見えますが、はっきりわかるM31にくらべると、M33はとても淡いので、星空のよほどきれいに見える場所でないとむりかもしれません。

▲アンドロメダ座大銀河M31の全景　銀河系より大型の渦巻銀河をななめの方向から見ているものです。距離230万光年で、大型の銀河としては、銀河系に一番近いものの1つです。

◀さんかく座の渦巻銀河M33のアップ　渦巻の構造がすこしゆるやかな印象に見える銀河です。距離250万光年と近く、銀河系の隣人のような銀河の1つです。

▲エリダヌス座の渦巻銀河NGC1232　数千億個の星が作る渦巻状の姿は、非常に迫力ある光景となっています。

したようすが、さらにはっきりしてきます。望遠鏡で見ても、ぼんやりした見え方のようすは変わりませんが、写真に写してみると、これが無数の星が渦巻く数千億個もの星の大集団だとわかります。
じつは、アンドロメダ座大銀河M31は、52ページでお話ししてある、私たちの銀河系そっくりな渦巻銀河を、少しななめの方向から見ているものなのです。
M31は距離が230万光年と、私たちに最も近い"銀河"の1つなので、肉眼でも見えているわけですが、宇宙には、銀河系と同じような銀河がたくさんあって、銀河系のはるか遠くまで、見とおしのよい秋の夜空では、そのいくつもを目にする

▲ろ座の棒渦巻銀河NGC1365　中央からのびる棒状の構造をもつ銀河で、棒の長さも長いものの短いものじつにさまざまです。

秋の星空ウオッチング

▲おとめ座の巨大楕円銀河M87　渦巻銀河よりはるかに巨大で、いくつもの銀河が合体して、肥え太ったものかもしれないといわれています。

ことができるというわけなのです。
　ところで、銀河系と同じような星の大集団といっても、そのすべてが銀河系とそっくりな、渦巻銀河というわけではありません。その姿や形、大きさはじつにさまざまなのです。
　まず、渦巻銀河ですが、アンドロメダ座大銀河M31は、私たちの銀河系より大きく、含まれる星の数も4000億個と2倍くらいたくさんあります。その渦巻銀河にも、中心が棒のようにのびた"棒渦巻銀

▲ブラックホールをもつNGC4261　大型の銀河のほとんどには、中心部に巨大ブラックホールが、ひそんでいるらしいといわれます。

▲ちょうこくしつ座の渦巻銀河NGC300　美しい渦巻銀河をややななめ方向から見ているものです。同じ渦巻銀河でも、ながめる角度によってさまざまな形となって見えることになります。距離690万光年と銀河系に近いものの1つです。

河"というのがあります。もしかすると、私たちの銀河系の形も、この棒渦巻タイプの銀河かもしれないなどともいわれています。

このほか、渦巻構造をもたない"楕円銀河"というのもあります。その中にも銀河系よりはるかに、大きな"巨大楕円銀河"や、その反対にごく小さな"矮小楕円銀河"というのもあります。

その一方で、はっきりした形をもたない"不規則銀河"とよばれるものもあります。また、銀河の中には、宇宙の交通事故のように、銀河どうしが衝突しているようなものもあり、星の大集団"銀河"とひと口に言っても、じつにさまざまなものがあることがわかります。

秋の夜空に望遠鏡を向け、さまざまな銀河の姿を実際にながめてみてください。

▲おおぐま座の不規則銀河M82　形のはっきりしない銀河で、銀河系にくらべると、大きさが一般的に小さいものが多い星の集団といえます。

▲衝突銀河NGC4650A　およそ10億年くらい前、楕円銀河に近づいた渦巻銀河が、バラバラにこわされリング状にとりまいているものです。

私たちの銀河系も50億年後には、すぐ隣にあるアンドロメダ座大銀河M31と衝突し、合体することになるかもしれないといわれています。

▲りゅう座のレンズ状銀河NGC5866　渦巻銀河の中には、新しい星を誕生させる星間物質が、たくさんありますが、この銀河にはそれがぜんぜんなくて、渦巻構造もありません。

▲矮小銀河しし座Ⅰのアップ　なんともたよりない小さな銀河で、銀河系の近くに100個以上見つかっています。宇宙にはこの種のものが、非常に多いのかもしれません。

やぎ座（山羊）

Capricornus（略符 Cap）
概略位置:赤経21h00m　赤緯−18°
20時南中:9月30日
南中高度:37°
肉眼星数:31個（5.5等星まで）
面積:414平方度
設定者:プトレマイオス

▲やぎ座

　秋の始まりのころの宵の南の空に見える星座です。3等星より淡い星ばかりなので、見つけにくそうに思いますが、小さな星が逆三角形をつくるようにつらなるようすは、意外にわかりやすいといえます。ただし、この山羊の姿は少し変わっていて、頭の部分は山羊ですが、しっぽの部分は魚になっています。つまり、魚山羊という奇妙な姿の星座なのです。

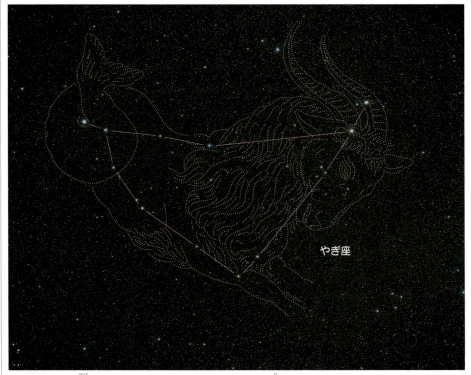

▲やぎ座　森と羊の神パンは、ナイル川のそばで、怪物テュフォンにおそわれてしまいました。パンはすばやく魚に変身すると、川に飛びこみ逃げだしました。しかし、大あわてだったため、水につかった部分は魚になりましたが、上半身は山羊のままの姿となりました。

秋の星空ウォッチング

▶**球状星団M30** 魚山羊の尾の近くにある小さな球状星団で、望遠鏡でぼんやり丸みをおびて見えます。

▼**肉眼二重星** やぎ座の頭部のアルファ星は、肉眼でも二重星だとわかります。

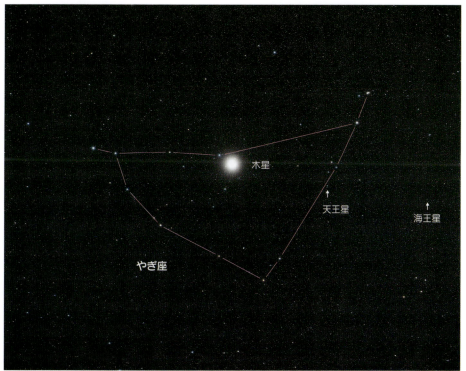

▲**惑星の見えているやぎ座** 黄道星座の1つであるやぎ座には、時おり惑星が入りこんでくることがあります。これは明るい木星と天王星、海王星がやぎ座の中で見えているところです。もちろん、天王星は6等星、海王星は8等星なので双眼鏡を使って見るようになります。

みずがめ座（水瓶）

Aquarius（略符 Aqr）
概略位置：赤経22h15m　赤緯－11°
20時南中：10月22日
南中高度：54°
肉眼星数：56個（5.5等星まで）
面積：980平方度
設定者：プトレマイオス

▲みずがめ座　大きな水がめから流れ出た水を、みなみのうお座の魚が、その大きな口でのみほそうとしています。みずがめ座とみなみのうお座は、一体の星座と見るのがよいでしょう。

秋の宵の南の空には明るい星がなく、夜空の明るい町の中では、みずがめ座のあたりだけが、妙にさびしく、がらんと空いているように見えることでしょう。そんなときの目じるしは、むしろ、みなみのうお座の1等星フォーマルハウトから、逆にたどって、みずがめ座の姿を根気よくさがしてみる方がよいでしょう。

▲球状星団M2　水がめをかつぐガニメデ少年の肩のあたりにある明るい球状星団で、存在だけなら双眼鏡でもわかります。

▲惑星状星雲NGC7293　満月の半分ものひろがりがありますが、淡いので指輪のようなリング状の姿は、双眼鏡でやっとわかります。

みなみのうお座（南魚）

Piscis Austrinus（略符 PsA）
概略位置：赤経22h14m　赤緯-31°
20時南中：10月17日
南中高度：24°
肉眼星数：15個（5.5等星まで）
面積：245平方度
設定者：プトレマイオス

秋の宵の南の空低く、たった１つ、ポツンと白く輝く明るい星があります。秋の夜空ではたった１つの１等星フォーマルハウトで、みなみのうお座の、魚の口のところにある星です。

▲フォーマルハウト　魚の口という意味の名前の１等星です。距離25光年の近い星です。

▲みずがめ座とみなみのうお座　みなみのうお座は、すぐ北のみずがめ座からこぼれおちてきた水を、大きな口でうけとめる魚の姿をあらわした星座です。ですから、みなみのうお座とみずがめ座は、一体の星座としてながめるようにした方が、わかりやすいといえます。

秋の星空ウォッチング

つる座(鶴)

Grus(略符 Gru)
概略位置:赤経22h25m　赤緯-47°
20時南中:10月22日
南中高度:8°
肉眼星数:24個(5.5等星まで)
面積:366平方度
設定者:バイヤー

みなみのうお座の、さらに南にあるつる座は、南の地平線上に東西にならぶ、2つの明るい星が目につく星座です。みなみのうお座の1等星フォーマルハウトを、目じるしにすると見つけやすいでしょう。

▲つる座　1603年に、ドイツのバイヤーが新しく設けた星座で、その昔には、フラミンゴ座などとよばれたことも、あったといわれます。

▶つる座　東西にならぶ明るい星のうちで、西よりの白いアルファ星は、みなみのうお座の1等星フォーマルハウトより、0.5等しか暗くありません。しかし、南の地平線低くにしか見えていませんので、目につきにくい星です。北海道あたりでは、もう地平線の下になって、顔を出さないので見ることができません。

ペガスス座

Pegasus（略符 Peg）
概略位置:赤経22h39m　赤緯+19°
20時南中:10月25日
南中高度:74°
肉眼星数:57個(5.5等星まで)
面積:1121平方度
設定者:プトレマイオス

秋の宵の頭上高く、星空をくっきり真四角にしきるような星のならびが見えます。空を飛ぶことのできる翼をもった、天馬ペガススの胴体を形づくる"ペガススの大四辺形"です。秋の星座さがしのよい、目じるしになってくれています。

▲球状星団M15　天馬ペガススの鼻さきにある、明るめの球状星団で、小さな望遠鏡では、ぼんやり丸い姿に見えます。

▲ペガスス座とこうま座　天馬ペガススと、その鼻さきにならんで見えるこうま座は、兄弟の馬とされています。ペガススの方は、ペルセウス王子が、女怪メドゥサの首を切り落としたとき、ほとばしる血が岩にしみ、そこから高くいななて、飛びだしてきたといわれる天馬です。

▲ペガスス座　秋の夜空には、明るい星がなく星座の姿が見つけにくいのですが、天馬ペガススの胴体を形づくる"ペガススの大四辺形"を96ページのように利用すれば、秋の星座や星の位置の見当がつけられ便利です。なお、ペガススの下半身は雲にかくされて見えていません。

カシオペヤ座

Cassiopeia（略符 Cas）
概略位置:赤経1h16m　赤緯＋62°
20時南中:12月2日
南中高度:北63°
肉眼星数:51個（5.5等星まで）
面積:598平方度
設定者:プトレマイオス

▲北の空をめぐるカシオペヤ座　W字形はいつでも北極星の周囲をめぐって見えています。

秋の宵の北の空高く、W字形にならんだカシオペヤ座の姿が、目にとまることでしょう。カシオペヤは、古代エチオピア王国の妃で、秋の星座神話劇の発端となった人物の姿です。

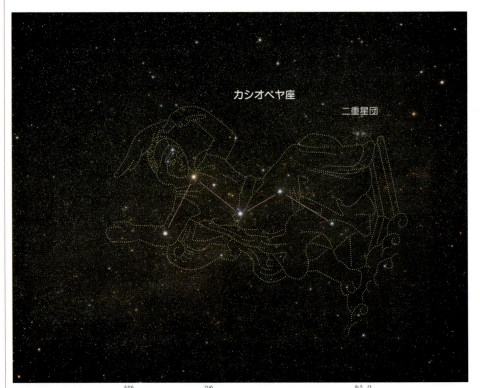

▲カシオペヤ座　自分の娘のアンドロメダ姫の美しさを自慢しすぎたため、イスにしばりつけられたまま北極星のまわりを、ぐるぐるまわる運命にされてしまった王妃の姿が、カシオペヤ座のW字形です。その星座神話は、120ページにあります。

秋の星空ウオッチング

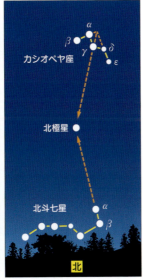

◀**北極星の見つけ方** カシオペヤ座のW字形と北斗七星は、真北の目じるし北極星をはさんで正反対に位置しているため、かならずどちらかが北の空高くのぼって、見つけやすくなってくれています。秋の夜空では、左の右の図のように、地平低く下がった北斗七星にかわり、W字形が北極星を見つけだす役割をになってくれます。左の左図は春の宵の空のようすです。

▲**カシオペヤ座と北斗七星** カシオペヤ座のW字形から北極星を見つける方法は、北斗七星ほど簡単ではありませんが、やり方になれれば、すぐできるようになります。112ページの上の図のようにして5倍延長すると、真北の目じるし北極星はすぐ見つけだせます。

ケフェウス座

Cepheus（略符 Cep）
概略位置：赤経2h15m　赤緯＋70°
20時南中：10月17日
南中高度：北55°
肉眼星数：57個（5.5等星まで）
面積：588平方度
設定者：プトレマイオス

秋の宵の北の空高く、カシオペヤ座のW字形とならぶ、トンガリ屋根の家のような、淡い五角形の星座が、ケフェウス座です。古代エチオピア王国の国王ケフェウスの姿をあらわした星座ですが、淡いので少し見つけにくいかもしれません。

▲ケフェウス座　秋の星座神話劇の最初の登場人物の1人なのですが、その神話の中ではあまり活躍はしていません。

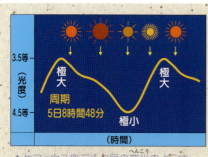

▲ケフェウス座デルタ星の変光のようす

▲二重星デルタ　望遠鏡で見るとケフェウス座のデルタは、二重星だとわかります。

ケフェウス座デルタ星の変光

ケフェウス王のひたいにあるデルタ星は、5.366日の周期で3.5等星から4.5等星まで、規則正しく明るさを変えている有名な変光星です。

星自身が大きくふくらんだり、小さくちぢんだりしながら、明るさを変えているのが変光の原因ですが、このケフェウス座デルタ星と同じタイプの変光星は、明るさの変わる周期が同じなら、本当の明るさは、どれも同じという性質があります。

この都合のよい性質を利用すれば、その変光星の見かけの明るさから、その変光星が、どれくらい離れたところで輝いているのか、その距離を知ることができることになります。地球の軌道の大きさを利用した三角測量でもはかれないような、ものすごい遠くの天体の距離を教えてくれるという点で、光を変える宇宙の灯台という役目をはたしてくれているわけです。

▲ケフェウス座とカシオペヤ座　秋の宵のころのケフェウス座の五角形は、北極星の真上のあたりに、さかさまに立つようなかっこうで見えます。淡い星座なので目だつカシオペヤ座のW字形と、2等星の北極星を手がかりに、位置の見当をつけるようにするのがいいでしょう。

アンドロメダ座

Andromeda(略符 And)
概略位置：赤経0h46m　赤緯＋37°
20時南中：11月27日
南中高度：90°（天頂）
肉眼星数：54個（5.5等星まで）
面積：722平方度
設定者：プトレマイオス

▲アンドロメダ座

アンドロメダ座は、古代エチオピア王国の王女アンドロメダ姫が、海岸の岩にくさりでつながれた姿をあらわした星座です。秋の宵の空は、ほとんど頭の真上に見える星座ですが、天馬"ペガススの大四辺形"の星とつながっていますので、あんがい見つけやすいことでしょう。
秋の夜空にくりひろげられるアンドロメダ姫のおばけくじらからの救出劇の物語は、120ページにあります。

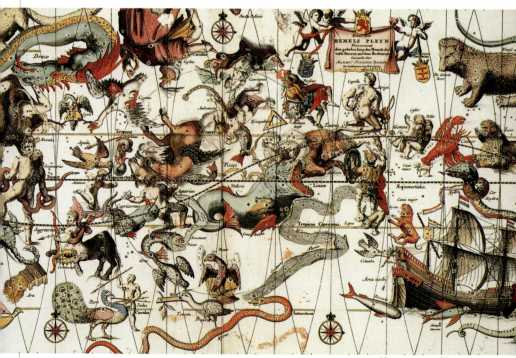

▲秋の星座　古代エチオピア王国の星座神話からできあがっている秋の星空は、星座の姿を物語の登場順にたどっていくと、まるで絵巻物を見ているような楽しさが味わえます。淡い星座ばかりですが、ていねいに星を結びつけながら登場する、星座たちを見つけだしてください。

▲**アンドロメダ座とカシオペヤ座** アンドロメダ姫の顔は、"ペガススの大四辺形"の北東かどの星とつながっています。海岸の岩にくさりでつながれたアンドロメダ姫の姿は、その"ペガススの大四辺形"と、母親のカシオペヤ王妃のW字形の間にあります。

アンドロメダ座大銀河M31

月のないよく晴れた晩、アンドロメダ姫の腰のあたりに注目すると、なにやらぼうっと小さな雲のように見えるものがあるのに気づくことでしょう。

あれが秋の夜空での一番の見ものとされるアンドロメダ座大銀河M31の姿です。肉眼では少々たよりないのですが、双眼鏡を向けると、よりはっきりしてきて、銀河系と同じような数千億個の星が渦巻くように群れる銀河らしさが、イメージできるようになります。

銀河系からの距離は、およそ230万光年、すぐお隣にあるといっていいものです。現在、両者は秒速300kmのスピードで接近中ですから、50億年もたつと衝突してしまい、合体して巨大な楕円銀河に姿を変えることになるかもしれません。

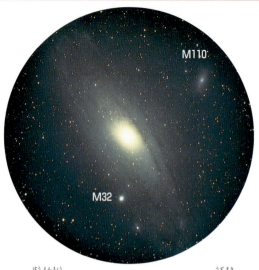

▲望遠鏡で見たM31　写真のように見事な渦巻のようすはわかりませんが、それらしい構造は淡いものの見ることができます。

▶アンドロメダ座大銀河M31　銀河系よりずっと大きく4000億個の星を含みます。M32とM110は、M31をめぐるおともの銀河です。

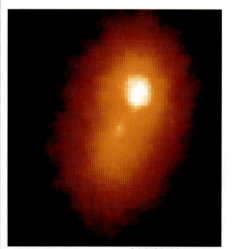

▲M31の中心部　ハッブル宇宙望遠鏡でとらえたM31の中心部には、大小2つの核があるように見えます。この中の小さな方に超巨大質量ブラックホールがあります。

▲M31の球状星団G1　ハッブル宇宙望遠鏡でとらえたものですが、M31の中には銀河系と同じような星雲・星団すべてが含まれていて、おたがい似たものどうしだとわかります。

M110

M32

アンドロメダ姫の救出

●カシオペヤ王妃の自慢

古代エチオピア王国のカシオペヤ王妃は、自分や娘のアンドロメダ姫の美しさをいつも自慢にし、ある日、海の神ポセイドンの孫娘たちよりも美しいと口をすべらせてしまいました。

これを耳にしおこったポセイドンは、エチオピアの海岸に大津波を起こしたり、とんでもないおばけくじらをおくりこんで人びとを苦しめました。

ケフェウス王が、この災難をしずめる方法を神殿でたずねると、なんと愛する娘アンドロメダ姫を、おばけくじらのいけにえにささげるしかないとのおつげです。この神のおつげが、人びとの間にもれてしまったから大変です。人びとは王宮におしよせると、いやがる姫をむりやり海岸にひきずっていき、その両手にくさりをかけ、大岩につなぐと逃げだしていってしまいました。

●あらわれたおばけくじら

アンドロメダ姫が、生きた心地もなくぐったりしていると、やがて海面があらあらしく波だちはじめ、その波間から真っ赤な口をあけた見るも恐ろしい巨大なおばけくじらが姿をあらわし、白いあわをふきかけながら近づいてきました。くじらといっても、それは名ばかりで、大きな両手にはするどいカギづめがはえているというのですからたまりません。

あまりの恐ろしさにアンドロメダ姫は、思わずさけび声をあげ目をつむりました。

そのときのことです。ヒヒーンという馬のいななきとともに天空から舞いおりてきて、勇かんにもこのおばけくじらに立ちむかった若者がいました。

●メドゥサの首

その若者は、髪の毛がすべてへびという女怪メドゥサを退治し、その血が岩にしみたところから躍り出てきた翼のはえた天馬ペガススにうちまたがり、メドゥサの生首を皮袋に入れ、持ち帰る途中のペルセウス王子で

▲アンドロメダとペルセウス　メドゥサの首を手に持つ勇士ペルセウス王子と、無事たすけだされたアンドロメダ姫です。左下遠くに石にされたおばけくじらの姿があります。

▲ペルセウス王子の活躍　見た者は恐ろしさのあまり石になってしまうという、女怪メドゥサの首をおばけくじらにつきつけ、ペルセウス王子はアンドロメダ姫の大ピンチを救います。

した。ペルセウス王子は、アンドロメダ姫のさけび声で、下界のおそろしいできごとを目にして、大いそぎで空からかけおりてきたというわけなのです。

●石くじらになった怪物

おばけくじらもさるものです。ペルセウスの姿が海面にうつったのを見ると、ふりかえりざま大きな口をあけて、王子をひとのみにしようとみがまえました。このとき、ペルセウス王子は、メドゥサの首をすばやくとりだすと、おばけくじらの目の前にさっとつきつけました。なにしろ、その顔を見たものは、恐ろしさのあまり、たちまち石になってしまうというメドゥサの首なのですから、おばけくじらだってたまりません。ギャーッという異様なさけび声をあげると、大きな石くじらになりはてて、そのままブクブクと海の底深くしずんでいってしまいました。

●結ばれた王子と姫

アンドロメダ姫は、こうして無事に救いだされたのでした。ところが姫の美しさにすっかり魅せられてしまったのがペルセウス王子です。
うれし涙で出むかえるケフェウス王と、カシオペヤ王妃に願い出ていいました。
「アンドロメダ姫をぜひ私の花嫁に申し受けたいのですが……」
王も王妃も、そしてもちろんアンドロメダ姫も、りりしい若者ペルセウス王子がすっかり気に入り、姫と王子は結ばれ幸せに暮らしたと伝えられています。

さんかく座(三角)

Triangulum（略符 Tri）
概略位置：赤経2h08m　赤緯＋31°
20時南中：12月17日
南中高度：86°
肉眼星数：12個(5.5等星まで)
面積：132平方度
設定者：プトレマイオス

アンドロメダ座の足下のすぐ南に接する、小さな三角形の星座が、その名もずばりのさんかく座です。

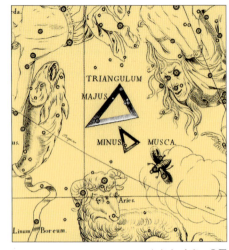

▲さんかく座　3個の小さな星が、やや細長めの二等辺三角形を作る姿は、とても単純で見つけやすいといえます。

◀さんかく座　三角形の星座なのでとてもわかりやすく、すでにギリシャ時代の昔から知られていたものです。さんかく座の南にも、これとにたような3個の星のならびがありますが、こちらはおひつじ座の頭部の星のならびです。

▲**さんかく座の渦巻銀河M33** 私たちの銀河系の隣人ともいえる渦巻銀河で、250万光年のところにあります。銀河系もこのM33から見ると、こんな姿をしているのかもしれません。

◀**双眼鏡で見たM33** 肉眼でも見えないことはありませんが、双眼鏡ならよりはっきりわかります。すぐ近くにアンドロメダ座大銀河M31もありますので、見くらべてみてください。

うお座（魚）

Pisces（略符 Psc）
概略位置：赤経0h26m　赤緯＋13°
20時南中：11月22日
南中高度：68°
肉眼星数：50個（5.5等星まで）
面積：889平方度
設定者：プトレマイオス

"ペガススの大四辺形"のすぐ南東側に接し"く"の字を強く上下におしつぶしたような形に小さな星をつらねた星座で、北と西の2ひきの魚が、リボンのようなひもで結びつけられた奇妙な星座です。

▲渦巻銀河M74　淡く小さな銀河ですが、小望遠鏡でもぼうっと見えます。距離3700万光年。

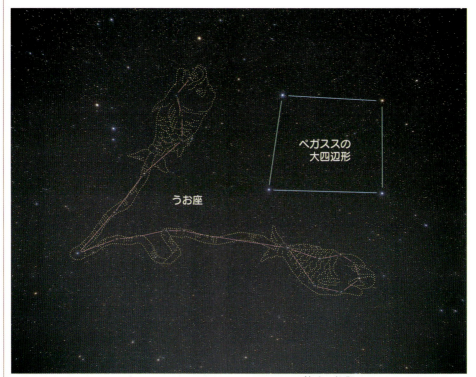

▲うお座　ギリシャ神話では、この2ひきの魚は、愛と美の女神アフロディテ（ビーナス）と、その子エロス（キューピッド）が、ユーフラテス川の岸辺で怪物テュフォンにおそわれ、大あわてで魚に変身して逃げたときの母子の姿だとされています。

秋の星空ウォッチング

▲秋の星座たち　古代エチオピア王国の神話劇に登場する星座たちをはじめ、やぎ座、みずがめ座、うお座、おひつじ座などの黄道星座たちの姿も見えています（バリットの古星図）。

◀うお座　ボーデの古星図に描かれたもので、2ひきの魚を結びつけるひもは、母子がはなればなれにならないためとか、母子のきずなをあらわしているものといわれます。また、チグリスとユーフラテスの両大河をあらわすともいわれます。

おひつじ座（牡羊）

Aries（略符 Ari）
概略位置：赤経2h35m　赤緯＋21°
20時南中：12月25日
南中高度：75°
肉眼星数：28個(5.5等星まで)
面積：441平方度
設定者：プトレマイオス

小さなわりに、形のわかりやすいさんかく座のすぐ南にある、"へ"の字を裏がえしたような形が、おひつじ座の頭部をあらわす星のならびです。しかし、胴体の部分の星のならびは、はっきりしません。

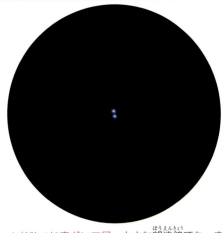

▲**おひつじ座ガンマ星**　小さな望遠鏡でも、まったく同じ明るさの4.8等星がぴったりよりそう愛らしい二重星だとわかります。

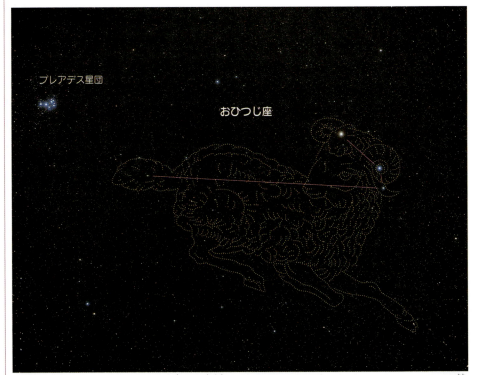

▲**おひつじ座**　金色の毛を持ち空を飛べる牡羊といわれ、まま母にいじめられたプリクソス王子とヘレー王女を背に乗せ、コルキスの国へと飛んでいきました。のちにこの金毛の牡羊の皮ごろもをとりにアルゴ船に乗ったイアソン隊長らの遠征がおこなわれました。

秋の星空ウォッチング

▲秋の星座たち　明るい星が少なく見つけにくい星座が多い秋の星空ですが、見なれると魅力的な星座が多いのがわかります。

◀おひつじ座　あんがいひろがりのある星座ですが、目につくのは頭の部分にある3個の星ばかりです。

ペルセウス座

Perseus（略符 Per）
概略位置：赤経3h06m　赤緯＋45°
20時南中：1月6日
南中高度：北80°
肉眼星数：65個（5.5等星まで）
面積：615平方度
設定者：プトレマイオス

秋の天の川の中に、右手に長剣をふりかざし、左手に退治した女怪メドゥサの首を手にした、勇士ペルセウスの姿があります。アンドロメダ姫を救った星座神話は120ページにあります。

▲二重星団　双眼鏡で見ると、2つの散開星団がよりそった、めずらしいものだとわかります。

▲ペルセウス座とアンドロメダ座　ペルセウス王子が退治したメドゥサは、髪の毛がへびで、その顔を見たものは、恐ろしさのあまり石になってしまうという女怪です。アンドロメダ姫をおそったおばけくじらも、メドゥサの首をつきつけられ、石くじらとなってしまいました。

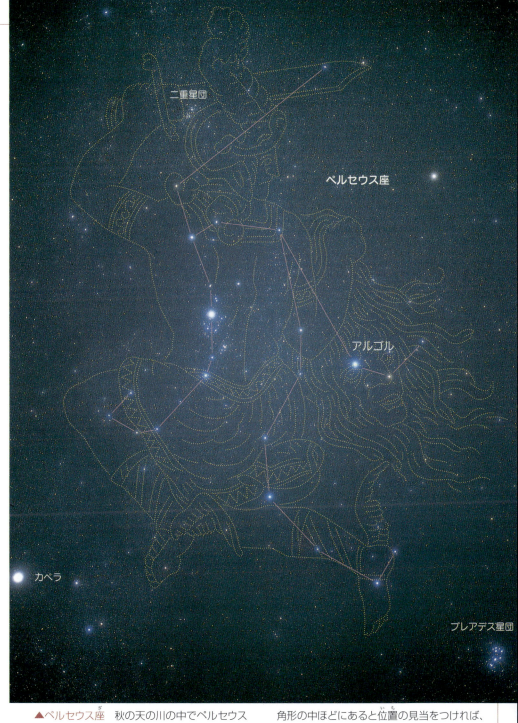

▲ペルセウス座 秋の天の川の中でペルセウス座は、カシオペヤ座のW字とぎょしゃ座の1等星カペラ、おうし座のプレアデス星団を結ぶ三角形の中ほどにあると位置の見当をつければ、見つけだせます。ペルセウス座の見ものは、二重星団と変光星アルゴルの2つです。

二重星団

ペルセウス座と、カシオペア座のあたりを流れる秋の天の川は、そんなに明るいものではありませんが、夜空の暗く澄んだ場所でならよくわかります。その秋の天の川がひときわ濃くなったように見えるところにあるのが、ペルセウス座の二重星団です。双眼鏡ならよりはっきりしてきますが、倍率が低い双眼鏡では、まだ星つぶまでは見えないかもしれません。しかし、望遠鏡になるとこれが、2つの明るい散開星団がぴったりよりそったものだとはっきりわかります。望遠鏡の視野の中で輝く2つの星の集まりの美しさはすばらしいものです。

▲ペルセウス座の二重星団　2つの散開星団の星つぶの数は、それぞれ300個と240個で、望遠鏡の視野の中では、まるで銀砂をまきちらしたような美しさです。7172光年と7498光年のところにある年齢、およそ1000万歳くらいのとても若い星たちの集団というのがその実態です。

食変光星アルゴル

長剣をふりかざし、女怪メドゥサの首を持つペルセウス座では、メドゥサのひたいのところに輝く星アルゴルが目をひきます。

アルゴルは"悪魔の頭"という意味ですが、2日と20時間59分の規則正しい周期で2.1等～3.4等まで明るさを変える有名

▲悪魔の星アルゴル　古星図に描かれたペルセウス座で、メドゥサのひたいのところには、アルゴルが見えています。

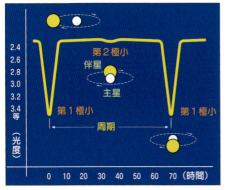

▲アルゴルの変光のようす　2つの星のめぐりあうようすと、そのとき明るさがどう変化するかを示したグラフです。

な変光星です。明るさの変わる原因は、明るい星と暗めの星2つがめぐりあっている連星で、地球から見ると、日食のように相手をかくしたり、かくされたりするためです。一番暗くなる極小光度の日時のようすは、天文年鑑などの予報で知ることができます。

カリフォルニア星雲

見かけの大きさが、月の3倍もあるのに、肉眼ではまったく見ることができない散光星雲が、ペルセウス王子の足下のあたりにあります。北アメリカのカリフォルニア州の形にそっくりというので、こんな名前でよばれていますが、写真で写すとその姿を見ることができます。

▲カリフォルニア星雲

くじら座（鯨）

Cetus（略符 Cet）
概略位置:赤経1h38m　赤緯-8°
20時南中:12月13日
南中高度:48°
肉眼星数:58個（5.5等星まで）
面積:1231平方度
設定者:プトレマイオス

くじら座の正体は、潮を高々と吹きあげながら、ゆうゆうと海を泳ぐあの愛らしい鯨とは大ちがいで、海岸の岩にくさりでつながれたアンドロメダ姫を、ひとのみにしようとして、ペルセウス王子に退治されてしまったおばけくじらです。

▲**天球儀に描かれたくじら座**　ホエールウォッチングでおなじみの、鯨の姿とはにてもにつかぬおばけくじらというのがその正体です。

変光星ミラの正体

おばけくじらの心臓のところに輝く真っ赤なミラは、2等星から10等星まで、332日の周期で、大きく明るさを変えている長周期変光星です。ミラというのは"不思議なもの"という意味の名まえですが、変光の原因は、年老いて大きくふくらみ、不安定に大きさをかえているためです。

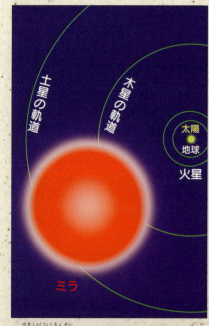

▲**赤色超巨星ミラ**　真っ赤なミラは、大きくふくらんだりちぢんだりしていますが、大きさは、太陽の約570倍もあります。

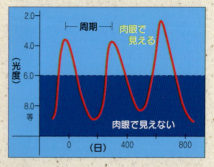

▲**ミラの変光のようす**　332日の周期で2等星から10等星まで、大きく明るさの変わるようすがグラフでわかります。

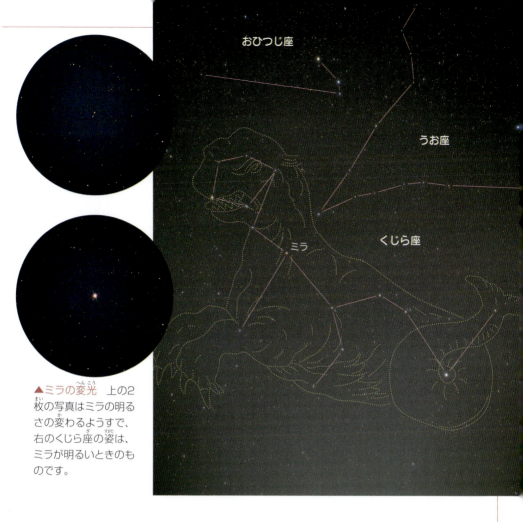

▲ミラの変光　上の2枚の写真はミラの明るさの変わるようすで、右のくじら座の姿は、ミラが明るいときのものです。

▲くじら座　ボーデ（ドイツ）の古星図に描かれているくじら座は、手足のはえたおばけくじらの姿となっています。

▲くじら座　イタリアのファルネーゼ宮殿の天井画として描かれているくじら座の姿は、巨大な魚のようにも見えます。

ちょうこくしつ座（彫刻室）

Sculptor（略符 Scl）
概略位置：赤経0h24m　赤緯－33°
20時南中：11月25日
南中高度：23°
肉眼星数：15個（5.5等星まで）
面積：475平方度
設定者：ラカイユ

▲NGC253銀河　明るめの銀河で、細長くのびた姿は、双眼鏡でも小さな像ながらわかります。望遠鏡ではよりはっきり見えます。

秋の宵の南の空低く、くじら座のさらに南にある淡い星座です。18世紀のフランスの天文学者ラカイユが、南半球で星を観測したとき新たに設定したもので、形のつかみにくい星座です。

◀ちょうこくしつ座
18世紀のフランスの天文学者ラカイユは、14もの新しい星座を南半球の星空に設定しましたが、どれも、当時の発明品や機械、芸術家の道具などの星座ばかりで面白味のないものとなっています。この星座の原名も「彫刻家のアトリエ」というものですが、星空のすき間をうめるようにして作られた星座だけに、姿形のたどりようのないものです。

ほうおう座（鳳凰）

Phoenix（略符 Phe）
概略位置：赤経0h54m　赤緯−49°
20時南中：12月2日
南中高度：6°
肉眼星数：27個（5.5等星まで）
面積：469平方度
設定者：バイヤー

秋の宵の南の空に大きく横たわるくじら座のずっと南で、ちょうこくしつ座のさらに南に下がったところ、ほとんど地平線のあたりに生まれかわる鳳凰（フェニックス）の姿として見える星座です。

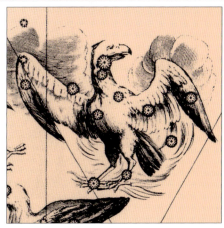

▲ほうおう座　エリダヌス座の１等星アケルナルの近くにある南半球にある星座で、明るい星の多い形のととのった星座です。

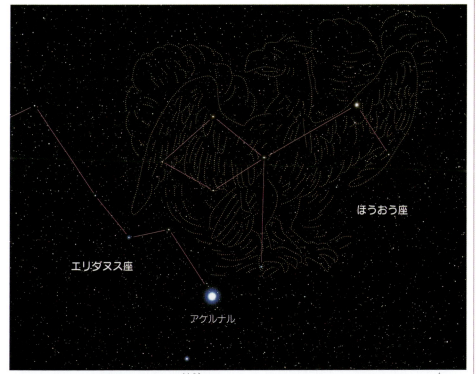

▲ほうおう座　この星座は、1603年に刊行されたドイツのバイヤーの星図書に描かれた、新しい星座で、原名はフェニックスです。フェニックスは、500年ごとに火の中に身を投じ、燃えさかるその火の中から再び若わかしくよみがえるという、伝説上の不死鳥のことです。

冬の星空ウォッチング
―一年中で一番美しい星空の季節―

思わず身ぶるいしてしまいそうな寒空に、コタツにでも入っていた方がましと感じさせられてしまうような季節ですが、その冷えきった大気の中で一年中で一番星の輝きが増すのが冬の星空です。防寒の身仕度をしっかりととのえ、思いきって戸外に飛びだすと、そこには、豪華な星ぼしの輝きがまっていてくれます。ホタルの群れのようなプレアデス星団、目をひくオリオン座の輝き、全天一明るいシリウスなどおなじみの冬の星座たちと語りあう楽しみをしみじみ味うことにしましょう。

東から昇るオリオン座の光跡

冬の星座

星の一生ををさぐる

とても寒い日々が続いていますが、その寒さのぶん星空は、凍てつきさえわたっています。それだけでも星がよく見えるのに冬の夜空には、明るい星たちが一年中で一番たくさん見えるので、とても豪華な星空を楽しむことができます。ふだん星の見えにくい都会でさえ、美しい星空にお目にかかれるチャンスです。

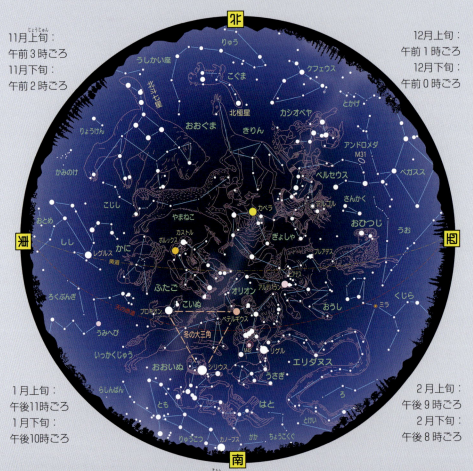

11月上旬：
午前3時ごろ
11月下旬：
午前2時ごろ

12月上旬：
午前1時ごろ
12月下旬：
午前0時ごろ

1月上旬：
午後11時ごろ
1月下旬：
午後10時ごろ

2月上旬：
午後9時ごろ
2月下旬：
午後8時ごろ

冬の全天のながめ　上の円形星図は、冬の宵のころの星空全体のようすを示したもので、円の中心が頭の真上"天頂"にあたります。図の東西南北の方位を自分の立っている場所での方位に一致させ、頭上にかざして実際の星空と見くらべると冬の星座が見つけられます。頭上にかざして見る星座図なので、東西の方位が地図のものと逆になっています。星座図の周囲に示してある時刻は、この星空と同じようすが見られる月のデータですが、これによって星空の移りかわりは、1か月で2時間ずつ早く同じ星空が見られるようになることがわかります。

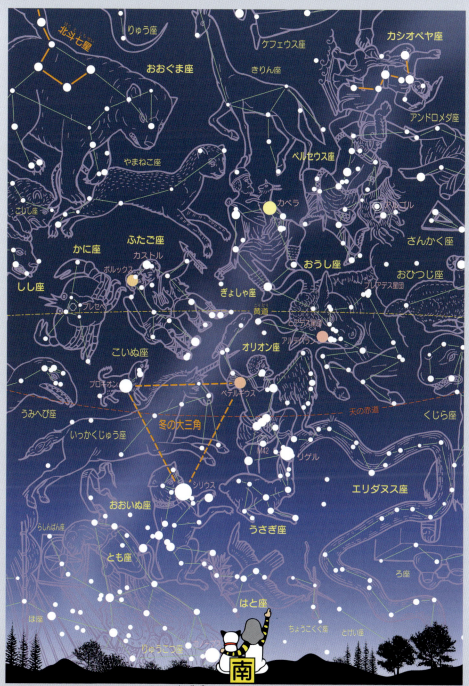

冬の星空のながめ　138ページの円形星座図のうち、真南に向かって見あげた部分だけをアップにして示したもので、ぎょしゃ座の1等星カペラのあたりが頭の真上"天頂"にあたります。冬の夜空では南の中天に見える"冬の大三角"がなんといってもよく目につくことでしょう。

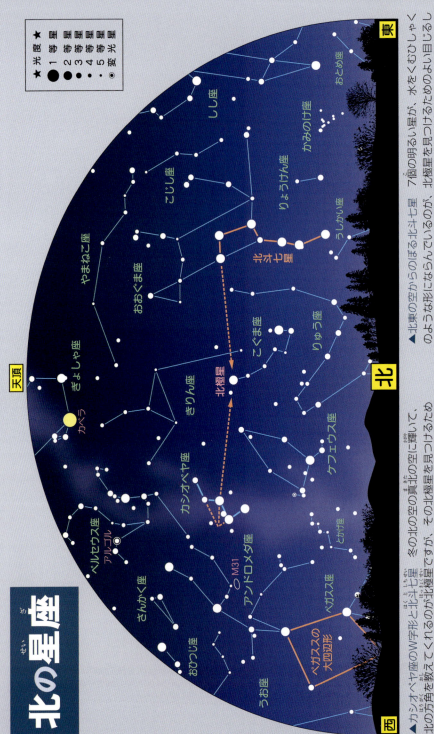

南の星座

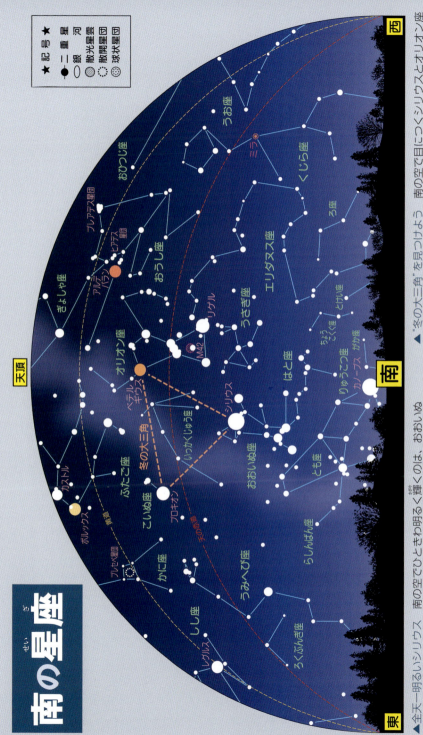

▲全天一明るいシリウス　南の空でひときわ明るく輝くのは、おおいぬ座のシリウスで、マイナス1.5等星の明るさがあります。これは全天の明るさでの恒星です。都会の夜空でもよく見えていますので、まずこのシリウスを見つけだしてから、冬の星座さがしをはじめるのがよいでしょう。

▲"冬の大三角"を見つけよう　南の空で目につくシリウスとオリオン座の赤みをおびたベテルギウス、それにこいぬ座の白いプロキオンの3個の1等星を結んでできる"冬の大三角"を見つけだすのが、冬の星座ウォッチングのポイントです。非常によくめだつ逆正三角形をしています。

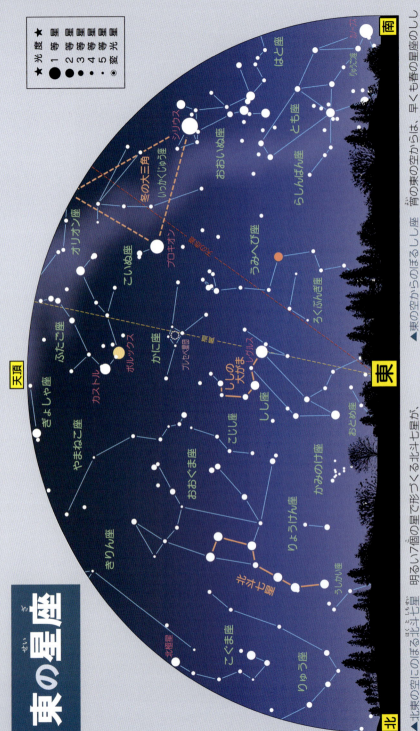

東の星座

▲北東の空にのぼる北斗七星　明るい7個の星で形づくる北斗七星が、北東の空へまっすぐ立つようにかっこうのぼうにつ星ます。北斗七星はおおぐま座の胴体の一部と尾の部分を形づくる星のならびです。北斗七星からおおぐま座全体の姿をたどってみてください。

▲東の空からのぼるしし座　宵の東の空からは、早くも春の星座のしし座が、その全身を見せています。吠え声も勇ましく空高くかけのぼるような姿に見えるのが印象的です。東の空の頭上高く2つの星がよくならんで輝いているのはふたご座の兄弟星です。

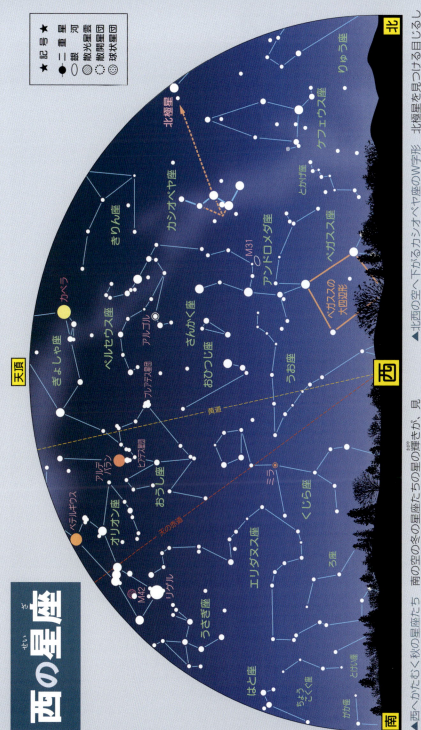

冬の星座の見つけ方

▲冬の星座の見つけ方　真冬の夜空には1等星がたくさん見えているので、星空がまぶしいくらいの印象で見えています。星座を見つけるよい目じるしになってくれるのは、おおいぬ座のシリウスと、こいぬ座のプロキオン、それにオリオン座のベテルギウスの3個の1等星を結んでできる"冬の大三角"と、これにリゲル、アルデバラン、カペラ、ポルックスを加えて大きく結ぶ"冬の大六角形"の星のつらなりです。

▶冬の星座の見ものたち　145ページの星図に示してある星雲・星団や二重星などは、双眼鏡や天体望遠鏡で見て楽しめるものです。中でも注目してみたいのは、オリオン座大星雲M42で、これは肉眼でさえぼんやりした姿がわかるものです。また、星団ではおうし座のプレアデス星団と、ヒアデス星団が肉眼で星つぶまではっきり見えます。そして、冬の天の川の中には、双眼鏡で見える散開星団がいくつもあります。

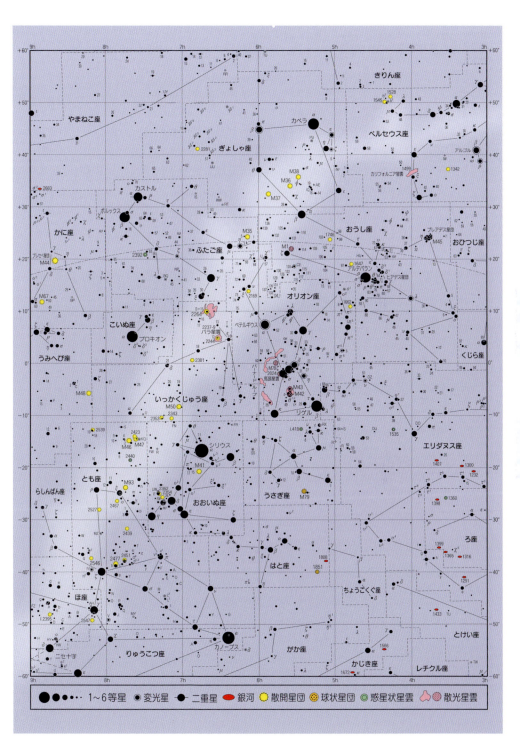

星の一生をさぐる ——— 冬の星空で

冬の夜空に美しくきらめく星座の星ぼしは、どれも太陽と同じように、自分から光と熱を出して輝いている恒星です。
いつまでも美しい輝きを失わないように見えるその恒星たちも、じつは誕生から死までの一生があり、今でも新しい星が生まれたり、年老いた星が、その一生を終わろうとしたりしているのです。冬の星空を見あげながら、星の一生のようすをさぐってみるのも興味深いでしょう。
さて、星間空間には、冷たいチリやガスが集まってできた、星間分子雲とよばれる暗黒星雲があちこちにあります。
なにかのきっかけで、その中に濃いかたまりができると、その中心部はしだいに熱くなり、やがて水素の燃料に核融合反

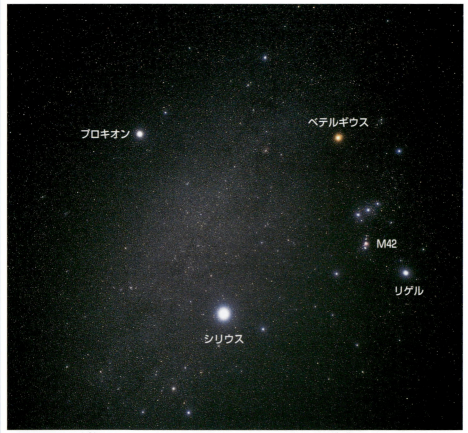

▲ "冬の大三角"付近　おおいぬ座の口もとで輝くシリウスは、青白く若わかしい輝きの星です。オリオン座の赤いベテルギウスは、年老いてぶよぶよにふくらんだ巨大な星です。オリオン座大星雲M42の中では、赤ちゃん星がつぎつぎとうぶ声をあげ、誕生しています。

▶地球　私たちの住む地球のような惑星は、今から46億年近く前、太陽が誕生したころ、その周囲に残ったチリやガスが集まってできたものです。環境にめぐまれていたため、たくさんの生命も生まれました。

応の火がともり、光と熱を放って輝く恒星が誕生します。

しかし、星の一生の長さはすべて同じというわけにはいきません。その星が生まれたときの重さによって、大きく左右されるからです。

水素ガスの燃料をたくさん持って生まれた重い星は、明るく輝きすぎて、燃料もむだづかいするため、たちまち燃えつきてしまい、その一生は数百万年から数千万年という宇宙では、ごく短い時間のうちに一生を終え、超新星の大爆発を起こし飛びちってしまいます。

一方、私たちの太陽くらいの重さに生まれついた星は、100億年くらい輝き

◀オリオン座大星雲M42
望遠鏡で見ると、ガス星雲の中にトラペジウムとよばれる、明るい四重星が輝いているのがわかります。40万年前このあたりで誕生したばかりの若い星たちで、その若わかしい輝きにしげきされて、冷たいチリやガスの星間分子雲が光っているのがM42の正体です。つまり、この付近には、星の誕生の材料がいっぱいあるというわけです。

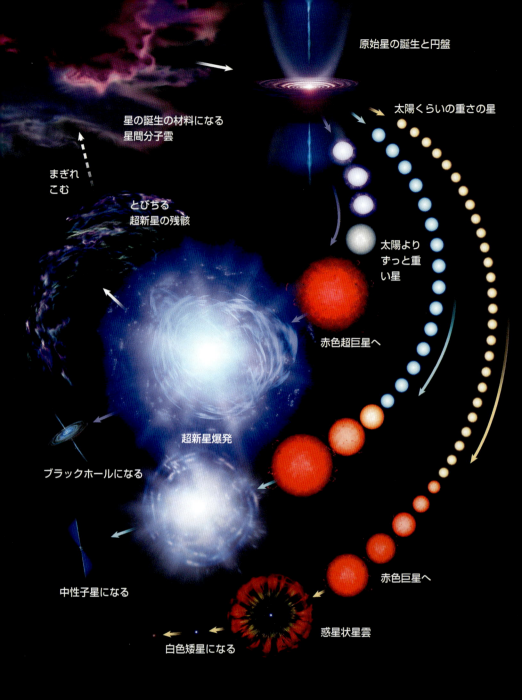

▲星の一生のようす　星の一生の長さや最期の死の姿は、重い星に生まれついたか軽い星に生まれついたかで、大きくちがってきます。重い星は寿命がとても短く、超新星の大爆発を起こしたあと、小さな中性子星やブラックホールとなり、やがて消えていくことになります。

つづけることができ、惑星状星雲となってその一生を終わります。太陽は現在、50億歳ですから、あと50億年近く輝いていてくれます。すぐ消えてしまうような心配はまったくないわけです。

しかし、太陽よりもっと軽く生まれついた星は、水素の燃料をゆっくりゆっくり燃やすので、とても長く輝いていることができ、1000億年近くもにぶく赤く光っていることができそうです。宇宙の現在の年齢が138億年ですから、星の中にはずいぶん長寿の星もあるものです。

冬の夜空には、星の誕生現場のオリオン座大星雲や美しく輝く若いプレアデス星団、星の一生の終わりの超新星の大爆発のかに星雲M1など、さまざまな年代の星が見えています。天体望遠鏡で順にさぐりあてて観察すると、興味深いことでしょう。

▲オリオン座の馬頭星雲　冷たいチリとガスの濃く集まったところで、新しい星は、宇宙にただよう、こんな星間分子雲の中から群れになって、生まれてくることになります。

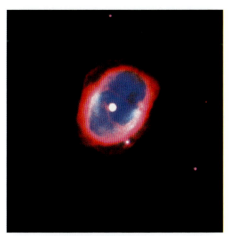

▲ポンプ座の惑星状星雲NGC3132　太陽くらいの重さの星からは、ゆっくりガスがはなれていき、中心に小さな残り火のような白色矮星をのこし、静かな死をむかえます。

▲おうし座の超新星残骸M1かに星雲　太陽のおよそ10倍以上にも重く生まれついた星は、たちまち水素の燃料を使いはたし、超新星の大爆発を起こし最期をむかえます。

おうし座（牡牛）

Taurus（略符 Tau）
概略位置：赤経4h39m　赤緯＋16°
20時南中：1月24日
南中高度：70°
肉眼星数：98個（5.5等星まで）
面積：797平方度
設定者：プトレマイオス

▲おうし座（ボーテの古星図）

冬の日暮れどき、頭上高くホタルの群れのような小さな星の群れが見えています。おうし座の有名なプレアデス星団です。日本でのよび名は"すばる"でこの名前もよく知られています。もう1つ、赤い1等星アルデバランを含むV字形の星の群れも目をひきます。2本のツノをふりかざし狩人オリオンにいどみかかるようなおうし座の姿は、この2つの星団からたどるのがいいでしょう。

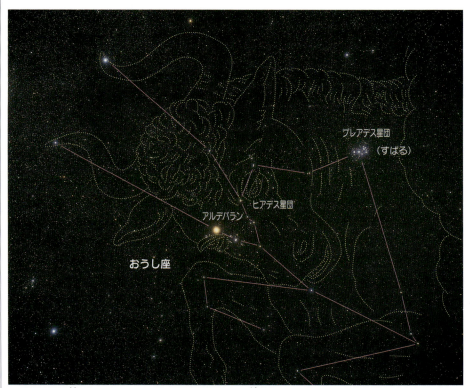

▲おうし座　肩さきに群れるプレアデス星団と、牡牛の顔にあたるV字形のヒアデス星団が目だち、この2つから牡牛の姿を連想するのは容易といえます。目をひくのは、赤い1等星アルデバランですが、156光年のヒアデス星団より、ずっと近く67光年のところにある星です。

▲冬の星座 プレアデス星団やヒアデス星団をはじめ、目をひく星団や明るい星が多いので、冬の夜空に見える星座たちは、澄みきった大気の下、都会でさえその姿がよくわかるものばかりです。144ページにある冬の星座の見つけ方と、この写真を見くらべてみてください。

プレアデス星団

おうし座の肩のところで輝くプレアデス星団は、肉眼でも6、7個の星が数えられ、日本では昔から"六連星"とか"すばる"とよんで親しまれてきました。すばるというのは、小さな星が糸で結ばれているように、ひとかたまりになっているという意味のよび名です。

▲双眼鏡で見たM45　肉眼でもはっきり見えますが、双眼鏡があると、星団をつつむ淡い星雲のようすさえわかるようになります。

◀すばる望遠鏡　ハワイのマウナケア山頂にある、口径8mの望遠鏡の愛称も"すばる"です。

▲プレアデス星団M45　今から5000万年くらい前に誕生した若く青白い星の集団です。ぼんやり星のまわりにひろがる星雲は、星の近くにただようチリが、青白い星の光を反射しているものです。これらの星の寿命は短く、やがてつぎつぎに超新星爆発を起こすことでしょう。

かに星雲M1

肉眼では見えませんが、おうし座のツノの先にあたるゼータ星の近くに、星がくだけちった"かに星雲M1"とよばれる天体があります。今からおよそ950年前の西暦1054年に超新星の大爆発を起こした星が飛びちる姿で、マイナス2等星の明るい木星くらいの星になって輝いたことは、日本の古い記録などにも残されています。

四方に飛びだした突起のようすが、かにのあしのように見えるというので、こんなよび名がつけられたもので、そのようすは大望遠鏡なら見ることができます。

▲小望遠鏡で見たM1　佐渡ヶ島の地図のような形にも、トランプのダイヤの形にもにて見えます。

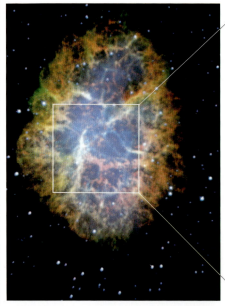

▲かに星雲M1　秒速1300kmで今もひろがりつづけています。現在の大きさは、およそ10光年にもなっています。距離7200光年のところにある重い星が、一生の終わりに超新星の大爆発を起こしたもので、中心には小さな中性子星が残されています。

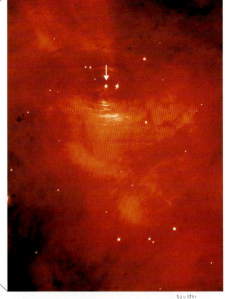

▲中心にある中性子星　中心にある直径10kmばかりの小さな星（矢印）は、中性子ばかりでできている超重量級の星で、小さなくせに重さは太陽ほどもあります。この中性子星は、1秒間に30回転という猛れつな自転をしながら、パルス、つまり、脈拍のような電波を放っています。

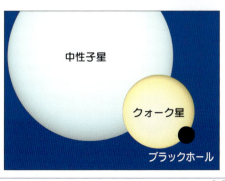

▲かに星雲M1のアップ 中心に残された小さな中性子星からは電波をはじめ、X線、放射線などがまきちらされています。かに星雲よりひろがった超新星残骸の姿は83ページにあります。

◀中性子星 重い星が超新星の大爆発を起こすと、中性子がぎっしり集まった超重量級の小さな中性子星が残されます。中性子星よりさらにつぶれると、もっと小さなクォーク星となり、さらにつぶれてブラックホールとなって姿を消します。

オリオン座

Orion（略符 Ori）
概略位置：赤経5h32m　赤緯＋6°
20時南中：2月5日
南中高度：61°
肉眼星数：77個（5.5等星まで）
面積：594平方度
設定者：プトレマイオス

真冬の南の中天高く、全天一美しい星座として人気の高いオリオン座が見えています。オリオンは、ギリシャ神話に登場するたくましい狩人です。

▲オリオン座　イタリアのファルネーゼ宮殿の天井に描かれた星座絵の中の狩人オリオン座の姿です。天球の外側から見たように描かれているため、裏がえしの背中側を見せています。

◀オリオン座　明るい星ばかりなので、ひと目でそれとわかるのがオリオン座です。なかでも、中央でななめ1列に3個の星がならんだ"三つ星"が目をひきます。その下に赤くぼうっと見えるのは、オリオン座大星雲M42です。なお、左上で赤く輝くベテルギウスは、一生の終わりに近い星で、いつ超新星の大爆発をおこしてもおかしくないといわれています。

冬の星空ウォッチング

M78

馬頭星雲

M42

▲オリオン座の三つ星付近　前ページの三つ星付近を双眼鏡でアップして見たものです。大散光星雲M42や馬の首にそっくりな馬頭星雲が、この領域にはあります。左上の散光星雲M78は、ウルトラマンの故郷としておなじみですが、チリが近くの星の光を反射しているものです。

◀赤いベテルギウス　表面の温度が太陽の6000度にくらべるとずっと低く、3800度しかないため赤っぽく見えています。

▶白いリゲル　表面の温度が1万2000度と高いため、白っぽく輝いて見えています。

馬頭星雲

オリオン座の中心にある三つ星のうちのゼータ星の近くに、馬の首そっくりな"馬頭星雲"とよばれる暗黒星雲があります。ふつう暗黒星雲は見ることができませんが、バックに天の川や散光星雲があると、黒いシルエットのようになって浮かびあがり、暗黒星雲がそこにあるのがわかるようになります。馬頭星雲もそんなふうにして見えているものですが、淡くかすかなものなので、望遠鏡でもほとんど見えず、長時間露出の写真で写してはじめて姿をとらえることができます。

▲馬頭星雲　距離1100光年のところにある散光星雲をバックに、冷たいチリとガスでできた黒雲が、馬の首そっくりなシルエットとなって見えているところです。明るく輝く星の生まれる材料となる、こんな分子雲は、オリオン座全体にひろがって存在しています。

オリオン座大星雲M42

西洋では、オリオン座の三つ星は、狩人オリオンのベルトとされ、その三つ星にぶら下がるようにして、たて1列に見える"小三つ星"は、オリオンの剣ともよばれています。その小三つ星の中ほどに注目すると、なにやら、ぼんやりしていて星でないことにすぐ気づくことでしょう。そして、双眼鏡を向けると、鳥が翼をひろげたような形にひろがるガス星雲だとその正体がすぐわかります。これが有名なオリオン座大星雲M42の姿なのです。

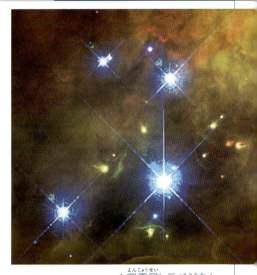

▲四重星トラペジウム
望遠鏡で、オリオン座大星雲M42の中心部に注目すると、4個の明るい星が台形にならんで、美しくきらめいているのがわかります。これがトラペジウムとよばれる四重星で、トラペジウムとは台形を意味する名前です。この星雲の中で40万年前に誕生した若いトラペジウムたちの光にしげきされてまわりの分子雲が輝いているのが、M42の正体なのです。

◀オリオン座大星雲M42
望遠鏡で見るこの星雲のすばらしさは、全天一のものといえます。ひろがりが30光年もあるこのベールのようなガス星雲の中では、今もつぎつぎと新しい星が誕生してきています。私たちからの距離1500光年のところにあります。

オリオンとプレアデス

●美しい7人姉妹
平安時代の有名なエッセイスト清少納言は、"枕草子"の中で「星はやっぱりすばるが一番ね……」とたたえています。すばるとは、星ほしが首かざりの玉のように"むすばって"いるところからきているよび名ですが、ギリシャ神話でもひとかたまりになっている、この星団は、仲よしの7人姉妹の変身したものとみて、次のような話を伝えています。

●オリオンに追われて
プレアデスの7人姉妹たちは、月の女神アルテミスの侍女としてつかえていました。ある月の明るい晩、7人姉妹が楽しく森の中で踊り遊んでいると、大男の狩人オリオンが、棍棒片手にのっそりあらわれ、声をかけてきました。
狩人オリオンは、7人姉妹が大のお気に入りで、いつも気にしていたのですが、彼女たちは乱暴者のオリオンをおそれていました。
「キャーッ、こわいわ……」
姉妹たちは、大あわてで逃げだしましたが、オリオンのしつこいことといったらありません。なんとそのままあきらめもせず、5年間も彼女らを追いかけつづけたのです。
これにはさすがの7人姉妹たちも逃げつかれ、とうとう女神アルテミスに助けを求めました。そこで女神は、プレアデスの7人姉妹を急いで、自分の衣のすその中にかくしてやりました。女神が知らん顔をきめこんでいると、オリオンはそれとは気づかず、あたりをキョロキョロ見まわしながら、ぶつぶつつぶやいています。
「わしのかわいい娘さんたち、いったいどこに行っちまったんだろう……」

●鳩になった姉妹
オリオンが去ってから、女神が衣のすそをそっとあげてみると、7人姉妹はいつのまにやら7羽の鳩に姿を変え、空へと飛びたっていきました。
そのようすを目にした大神ゼウスは、鳩になった彼女らをそのままプレアデスの星に変えてしまったといわれます。
と、ここまでのお話でしたら、オリオンの手をのがれることができて、めでたしめでたしといったところですが、じつは、このあとでオリオン座もおうし座のそばで星座にあげられてしまったから大変です。

●星の追いかけ伝説
すぐ近くで輝くプレアデスの7人姉妹に気づいたオリオンは、「おやおや」とばかり、再び彼女らを追いかけはじめたのです。それで今でも、プレアデス星団は、オリオン座に追われるままに、西へ西へと逃げているのだといわれています。
実際の星空で、オリオン座とプレアデス星団の日周運動のようすを見ていると、昔の人びとは、星空の動きをよく観察して、神話を語り伝えてくれたものだと感心させられることでしょう。
このような星の追いかけ伝説は、ほかの星座にも見られるものです。

▲オリオンとプレアデスの7人姉妹　乱暴者のオリオンの手をのがれ、鳩に変身して、星空に舞いあがったプレアデスの7人姉妹たちは、やがてプレアデス星団となって輝きだしました。

ぎょしゃ座（馭者）

Auriga（略符 Aur）
概略位置：赤経6h01m　赤緯＋42°
20時南中：2月15日
南中高度：北83°
肉眼星数：47個（5.5等星まで）
面積：657平方度
設定者：プトレマイオス

おうし座のツノの1本から北へ、将棋のコマのような五角形をした星座がぎょしゃ座で、その右上かどには、1等星カペラの輝きがあります。

▲ぎょしゃ座　山羊の母子をだく老人の姿として描かれているのがぎょしゃ座です。

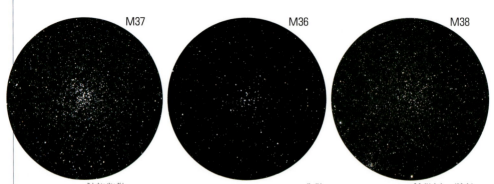

▲ぎょしゃ座の散開星団たち　ぎょしゃ座の五角形は、冬の天の川の中にありますが、その五角形の中ほどに、天の川がとくに濃くなったように見える部分が3か所あります。双眼鏡や望遠鏡を向けると、これが散開星団M36、M37、M38の3つの姿だとわかります。

▲ぎょしゃ座　五角形の右上かどに輝く黄色味をおびた1等星カペラは"小さな雌山羊"という意味の名前ですが、1等星としては一番北よりに位置しているため、秋から冬、春へと長い間、北よりの空のどこかしらで見ることができる星となっています。

おおいぬ座(大犬)

Canis Major（略符 CMa）
概略位置：赤経6h47m　赤緯−22°
20時南中：2月26日
南中高度：33°
肉眼星数：56個(5.5等星まで)
面積：380平方度
設定者：プトレマイオス

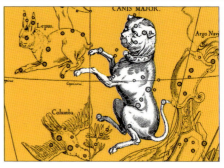
▲おおいぬ座

冬の宵の南の空で、どの星よりも明るく輝く青白い星を見つけたら、おおいぬ座の口もとで輝くシリウスと思ってまずまちがいありません。シリウスの明るさは−1.5等星、全天で一番明るい星です。このためネオンや外灯で明るい都会の夜空でさえ、はっきり見ることができるほどのものです。

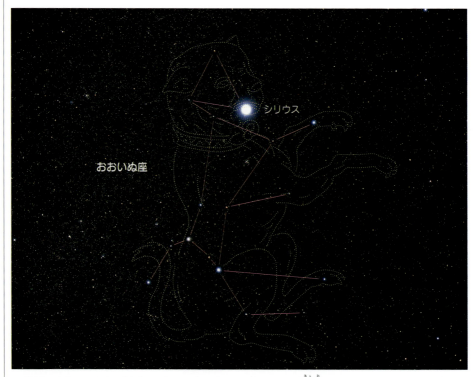

▲おおいぬ座　口もとで輝くシリウスの名の意味は"焼きこがすもの"です。シリウスがあんなに明るく輝いて見えるのは、私たちから8.6光年という近距離にあるためで、シリウスが星の中で本当に一番明るい星だからというわけではありません。32ページを見てください。

冬の星空ウォッチング

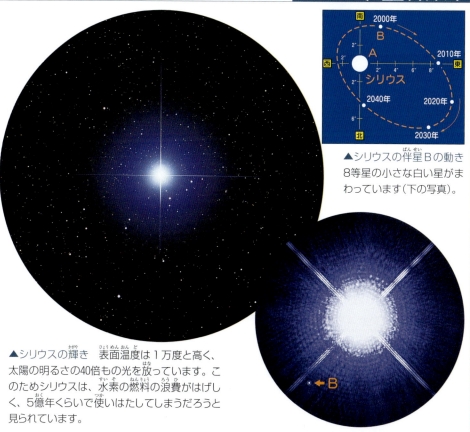

▲シリウスの伴星Bの動き
8等星の小さな白い星がまわっています（下の写真）。

▲シリウスの輝き　表面温度は1万度と高く、太陽の明るさの40倍もの光を放っています。このためシリウスは、水素の燃料の浪費がはげしく、5億年くらいで使いはたしてしまうだろうと見られています。

🔍 シリウスBの正体

シリウスのまわりをめぐる伴星Bは、とても小さな星で、地球の2倍くらいしかないのに、重さは太陽と同じくらいもある超重量級の奇妙な星です。もともと、この星もシリウスと同じように輝いていたのですが、進化のスピードがはやく、たちまち燃料を燃やしつくし、死に、今はその余熱で光っている状態の星なのです。こんな星は"白色矮星"とよばれています。矮は小さいという意味です。

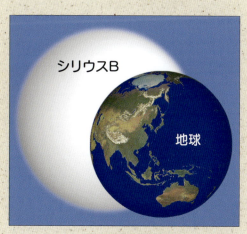

▲シリウスBと地球の大きさくらべ

こいぬ座(小犬)

Canis Minor（略符 CMi）
概略位置：赤経7h36m　赤緯＋7°
20時南中：3月11日
南中高度：61°
肉眼星数：13個（5.5等星まで）
面積：183平方度
設定者：プトレマイオス

冬の宵の南の空には、淡い天の川がななめに流れくだっています。とても淡いので夜空の暗く澄んだ場所でないと見られませんが、その天の川の東よりの岸に1等星プロキオンとベータ星の2つを結んでできる、小さなこいぬ座が見えています。小さいながら見つけやすい星座です。

▲プロキオン　おおいぬ座のシリウスとよくにた1等星で、11光年の近距離にあって、小さいのに非常に重い、10等の白色矮星をつれています。

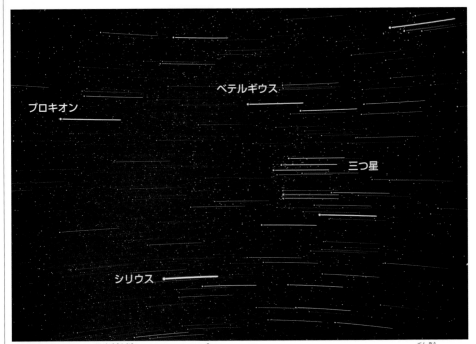

▲"冬の大三角"の日周運動　オリオン座の三つ星のところを天の赤道が通っているため、"冬の大三角"付近の星は、一直線の光跡をひいて、東から西へと動いていきます。星が点像に写っているのが、1時間露出の始まりです。星ぼしは画面を左から右へ移動したことになります。

▲ "冬の大三角" おおいぬ座のシリウス、こいぬ座のプロキオン、それにオリオン座の赤いベテルギウスの3個の明るい1等星を結んでできるのが、逆正三角形の"冬の大三角"です。冬の夜空ではひと目でそれとわかるほどはっきりしているので、すぐ見つけられることでしょう。

いっかくじゅう座（一角獣）

Monoceros（略符 Mon）
概略位置：赤経7h01m　赤緯+1°
20時南中：3月3日
南中高度：55°
肉眼星数：36個（5.5等星まで）
面積：482平方度
設定者：バルチウス

▲いっかくじゅう座　古い星座絵には、白馬のような姿の動物のひたいに長い1本のツノをはやしたように描かれています。

ひたいに1本の長いツノをはやした一角獣は、もちろん想像上の動物ですが、淡い冬の天の川に身をひそめていますので、想像力をたくましくして見つけてください。

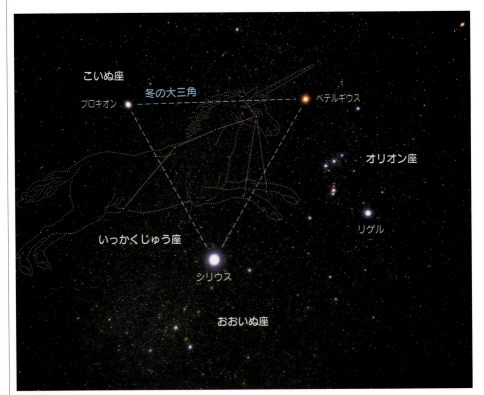

▲"冬の大三角"といっかくじゅう座　ひたいにするどくて長いツノをはやした想像上の動物の姿は、冬の淡い天の川の中に見えています。しかし目につく明るい星もないので、"冬の大三角"の中ほどに、ひっそりその巨体を横たえているイメージをふくらませて見るしかありません。

▲バラ星雲のアップ　距離4600光年のところにあるバラの花びらのような星雲をアップにして見たものです。この星雲の中には、星の卵のような黒いつぶつぶがたくさん見えています。

◀バラ星雲　大輪のバラの花びらそっくりな星雲ですが、望遠鏡では花びらの方はほとんど見えず、中央の散開星団の星つぶばかりが目につきます。写真に写したときだけ姿を見せる散光星雲の1つなのです。

ふたご座(双子)

Gemini（略符 Gem）
概略位置：赤経7h01m　赤緯＋23°
20時南中：3月3日
南中高度：77°
肉眼星数：47個(5.5等星まで)
面積：514平方度
設定者：プトレマイオス

冬の宵のころ、頭の真上で輝く明るい2個の星を見つけたら、ふたご座の仲よし兄弟カストルとポルックスのひたいに輝く星と思ってまずまちがいありません。

▲ふたご座　ふたご座は、カストルとポルックスの2個の明るい星を、それぞれのひたいに輝く星と見れば、すぐその姿がたどれます。

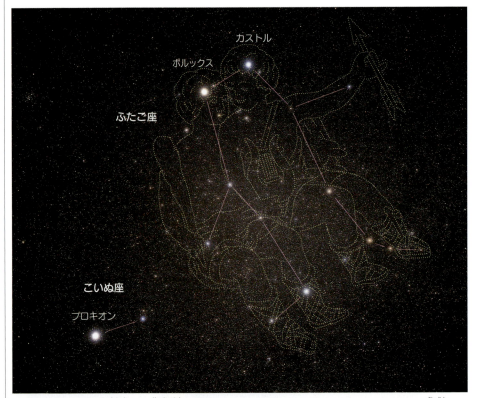

▲ふたご座　ギリシャ神話で、大活躍する仲よし双子の兄弟ですが、兄のカストルが死んでしまったとき、不死身の弟ポルックスは、自分も死んでカストルといっしょにいたいと、大神ゼウスに願いでました。ゼウスは、兄弟の姿を友情のしるしとして、この星座にしたといわれます。

冬の星空ウォッチング

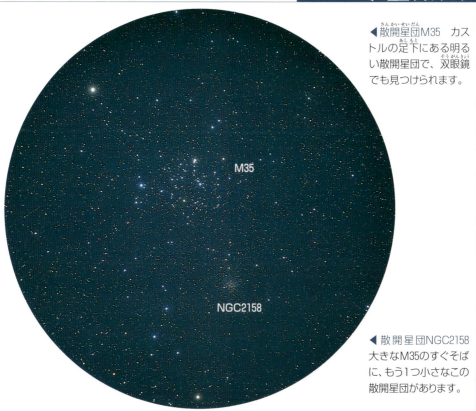

◀ 散開星団M35　カストルの足下にある明るい散開星団で、双眼鏡でも見つけられます。

◀ 散開星団NGC2158　大きなM35のすぐそばに、もう1つ小さなこの散開星団があります。

ふたご座流星群

毎年12月13日から14日ごろをピークに、ふたご座のカストルのあたりからたくさんの流星が飛びだすのを目にすることができます。ふたご座流星群たちの流星で、ピーク時には、1時間に30個ちかい流れ星が数えられます。ほぼ一晩中見ることができます。

▲ふたご座流星群の輻射点

カストル

ふたご座のカストルは、距離51光年のところにある白色の1等星で、ポルックスは34光年のところにあるオレンジ色の星です。このうちカストルはいくつもの星がめぐりあう多重連星です。

◀望遠鏡で見た連星カストル

小さな望遠鏡でも高倍率にすると、2つの星にわかれて見えます。

▲カストル 肉眼では白い星として見え、オレンジ色のポルックスとのペアで、日本では"金星・銀星""かにの目星"などともよばれます。

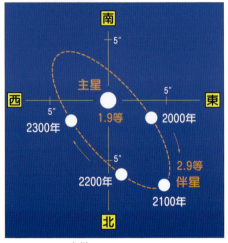

▲カストルの軌道 小望遠鏡で見える2つの星は、511年の周期でめぐりあう連星ですが、実態は下のような六重連星なのです。

六重連星カストル

カストルは、小望遠鏡でも見える2つの星が、またそれぞれがめぐりあう連星で、それにまた別の連星がめぐりあい、全部で六重連星系というややこしい星のグループとなっています。もし、カストルのどこかに惑星があったとすれば、そこの住人は、入れかわりたちかわり空にのぼってくる、大小の太陽を目にすることになります。

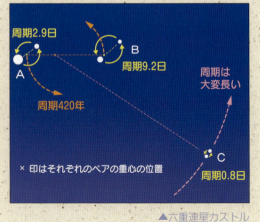

▲六重連星カストル

エスキモー星雲

ポルックスのおなかのあたりに、エスキモー星雲という形のおもしろい惑星状星雲あります。毛皮のフードをかぶるエスキモー（イヌイット）の人の顔にそっくりというので、こんなよび名で親しまれているものですが、この種の惑星状星雲は、太陽くらいの重さの星が、一生の終わりにガスを放出したもので、星からはなれたガスは、1万年くらいで大きくひろがって消えていきます。そして中心には星の死がいともいえる、小さくて重く高温の"白色矮星"が残されることになります。私たちの太陽も50億年後に、こうして一生を終えることでしょう。

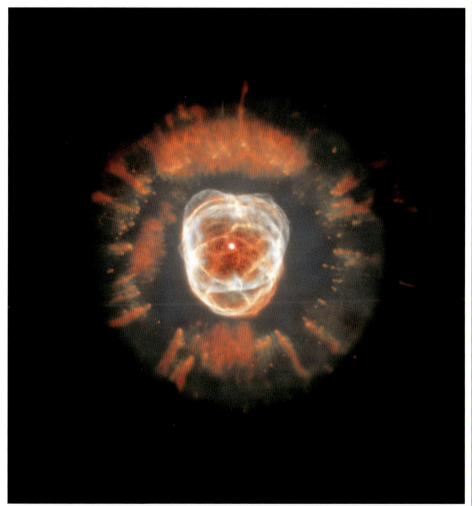

▲エスキモー星雲NGC2392　ごく小さくしか見えませんので、小望遠鏡では、8等星くらいの小さな星のように見えるだけですが、大きな口径の望遠鏡で見ると、イヌイットの人のような顔つきが見えてきます。距離1600光年のところにある、まだできてまもない惑星状星雲です。

エリダヌス座

Eridanus（略符 Eri）
概略位置：赤経3h15m　赤緯－29°
20時南中：1月14日
南中高度：25°
肉眼星数：79個(5.5等星まで)
面積：1138平方度
設定者：プトレマイオス

エリダヌス座とは、あまり聞きなれない名前だと思われるかもしれませんが、これはギリシャ神話の川の神の名前です。つまり、エリダヌス座は、星空を流れくだる大きな川の星座なのです。

▲アケルナル　エリダヌス川の果てにある1等星で、鹿児島付近より南で見られます。

▲ファエトンのつい落　エリダヌス川は、太陽神アポロンの息子ファエトン少年が、太陽の馬車をあやつりそこねて転落した川です。
◀エリダヌス座の流れ

▲エリダヌス座の全景　174ページに日本で見たエリダヌス座がありますが、エリダヌス川は南半球まで流れくだっていますので、川の全景をよく見るには、オーストラリア付近で頭上に見るのがいいといえます。小さな星を点々とつらねて、あんがいわかりやすい川の星座といえます。

うさぎ座(兎)

Lepus(略符 Lep)
概略位置:赤経5h31m　赤緯−19°
20時南中:2月6日
南中高度:35°
肉眼星数:28個(5.5等星まで)
面積:290平方度
設定者:プトレマイオス

オリオン座のすぐ足下でうずくまる小さなうさぎ座ですが、あんがい形がよくとのってイメージしやすい星座です。

▲うさぎ座　真冬の中天に輝くオリオン座のすぐ南にあり、狩人オリオンの獲物として設定されたのだろうと見られています。

◀うさぎ座　小さくよくまとまっていて、星も明るいので、見つけやすい星座です。

▲球状星団M79　うさぎ座の中ほどにある小さな球状星団で、小望遠鏡ではぼんやり丸い小さな像に見えます。

はと座（鳩）

Columba（略符 Col）
概略位置：赤経5h45m　赤緯−35°
20時南中：2月10日
南中高度：20°
肉眼星数：24個（5.5等星まで）
面積：270平方度
設定者：ロワイエ

オリオン座の南にうずくまるうさぎ座のさらに南にあるので、南の空の視界の開けたところで見るのがいいでしょう。

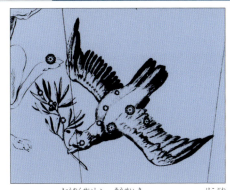

▲はと座　旧約聖書の創世記にあるノアの方舟から放たれた鳩で、オリーブの葉をくわえてもどってきたときの姿です。

▶はと座　真冬の南の空低く、地平線にさしかけたカサのような形に星がつらなる星座です、あんがい星の配列が印象的なので見なれてしまえば、見つけやすい星座の1つです。

りゅうこつ座（竜骨）

Carina（略符 Car）
概略位置：赤経8h40m　赤緯-63°
20時南中：3月28日
南中高度：-8°
肉眼星数：77個（5.5等星まで）
面積：494平方度
設定者：ラカイユ

▲アルゴ船座　船の各部分が4つの星座にわけられていますが、巨大な船をイメージして見た方がわかりやすいといえます。

冬の宵の南の地平線上に姿をあらわす、巨大な船の星座がアルゴ船座です。イアソン隊長とともに、ギリシャ神話の英雄たちが乗りこんで、コルキスの国へ金毛の牡羊の皮ごろもをとりかえしに、遠征したときに使われたもので、現在はりゅうこつ座（竜骨）、ほ座（帆）、とも座（船尾）、らしんばん座（羅針盤）の4つの星座に分割されています。そのうちのりゅうこつ座には、1等星カノープスがあります。

▲カノープスの見つけ方　地平低くにあるカノープスを見つけるには、おおいぬ座の星のならびを利用するのがいいでしょう。東京付近でのカノープスの高度は、南中時でわずか3度です。

▲カノープス　中国では"南極老人星"とよび、めったにお目にかかれないこの星を見られれば、健康で長寿にあやかれるおめでたい星としていました。

▲アルゴ船座　ギリシャ神話に登場する巨大な船の星座ですが、現在ではりゅうこつ座、ほ座、とも座、らしんばん座の4つの星座に分割されてしまっています。日本ではアルゴ船の全景は見られませんが、冬から春さきにかけ、南の地平線上にその一部を見ることができます。

▲散開星団M46とM47　冬の天の川で東西にならぶ姿が、双眼鏡で見えるものです。

◀カノープス　距離309光年のところにある表面温度1万度もある高温星です。

春の星空ウォッチング

――目じるしは北斗七星(ほくとしちせい)と春の大曲線――

桜前線(さくらぜんせん)、花前線の北上も急ピッチ、心地よい花だよりの季節(きせつ)です。星空もそれにて春がすみにうるんではっきりしませんが、じつにいい気分で星空がながめられる季節です。まず、北の空高くのぼりつめた北斗七星を見つけだし、その弓(ゆみ)なりにそりかえった柄のカーブを頭上に延長(えんちょう)してアルクトゥルスから、南のスピカへとたどる大きなカーブを頭上に描(えが)きだしてみてください。これがおなじみの春の大曲線で、この大きくて優雅(ゆうが)なカーブの両側(りょうがわ)に目をやれば、春の星座たちの姿(すがた)はつぎつぎに見つけだせます。

北東の空からのぼる北斗七星の光跡

春の星座　宇宙について考えよう

　春の夜空は、春がすみにおおわれて淡い星が、少し見つけにくくなる季節となります。そんなおぼろな星空で目をひくのは、北の空高くのぼった北斗七星と、その弓なりにそりかえった柄のカーブを延長してたどる"春の大曲線"上に輝く、うしかい座の1等星アルクトゥルスとおとめ座の1等星スピカの輝きです。

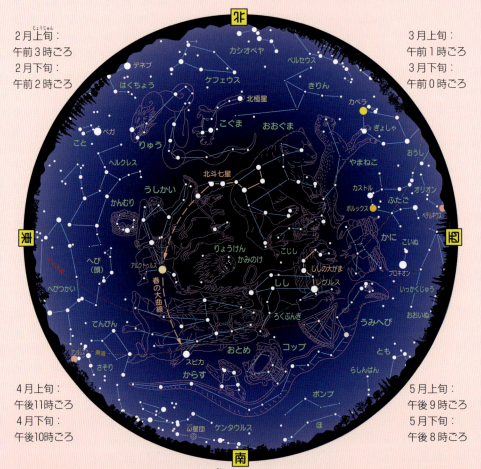

2月上旬：午前3時ごろ
2月下旬：午前2時ごろ

3月上旬：午前1時ごろ
3月下旬：午前0時ごろ

4月上旬：午後11時ごろ
4月下旬：午後10時ごろ

5月上旬：午後9時ごろ
5月下旬：午後8時ごろ

春の全天のながめ　上の円形星座図は、春の宵のころの星空全体のようすを示したもので、円の中心が頭の真上"天頂"にあたります。図の東西南北の方位を自分の立っている場所での方位に一致させ、頭上にかざして実際の星空と見くらべると春の星座が見つけられます。頭上にかざして見る星座図なので、東西の方位が地図のものと逆になっています。星座図の周囲に示してある時刻は、この星空と同じようすが見られる月のデータですが、これによって星空が1か月で2時間ずつ早く同じ星空が見られるようになることがわかります。

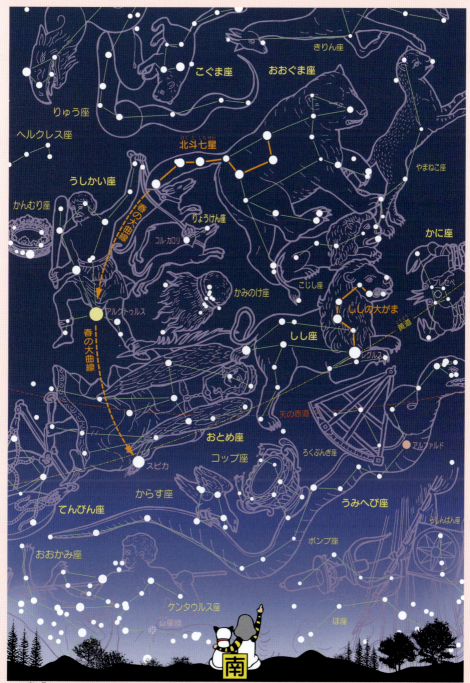

春の星座のながめ 182ページの円形星座図のうち、真南に向かって見あげた部分だけをアップにして示したもので、りょうけん座のあたりが、頭の真上"天頂"にあたります。春の夜空では、北斗七星からたどる"春の大曲線"が、星座さがしのよい目じるしとなってくれます。

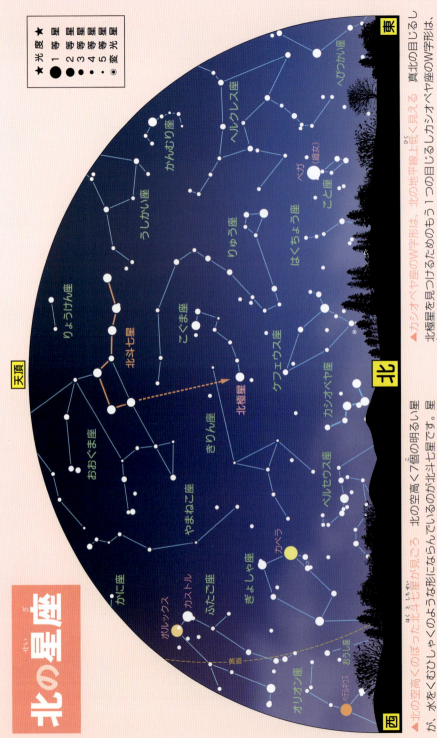

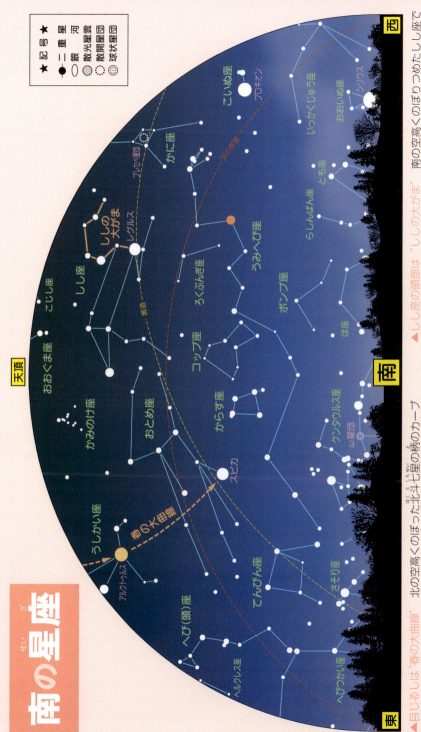

南の星座

▲目じるしは"春の大曲線" 北の空高くのぼった北斗七星の柄のカーブを延長してたどる。"春の大曲線"が頭上で美しいカーブを描いて見えています。春の星座さがしでは、この大きな曲線をまずたどってみるのがいいといえます。全天一東西に長いうみへび座は、今が見ごろです。

▲しし座の頭部は"ししの大がま" 南の空高くのぼりつめたしし座では、頭部の?のマークを裏がえしにしたような形に星がつらなる"ししの大がま"が目をひいています。西洋で使われる鎌から草かり鎌の形に似ているので、こんなよび名がつけられています。レグルスは白色の1等星です。

東の星座

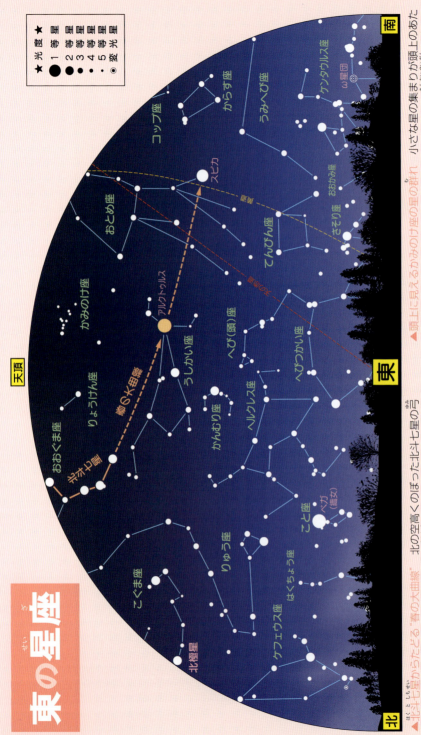

▲北斗七星からたどる"春の大曲線" 北の空高くのぼった北斗七星の弓なりにそりかえったカーブを、そのまま延長してたどる"春の大曲線"がまず目につきます。オレンジ色のアルクトゥルスと、白色のスピカの2つの1等星は、日本では"春の夫婦星"として親しまれていました。

▲頭上に見えるかみのけ座の星の群れ 小さな星の集まりが頭上のあたりに見えます。かみのけ座の星の群れで、これは散開星団が星座になっているめずらしい例です。南の中天ではからす座の小さな四辺形があんがいよく目につきます。

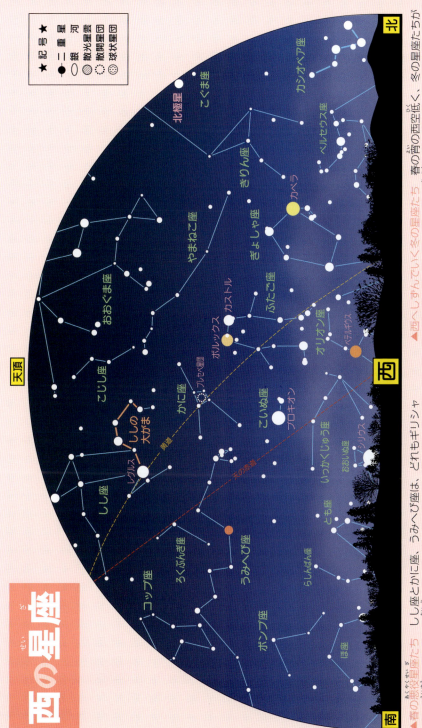

西の星座

▲春の悪役星座たち しし座とかに座、うみへび座は、どれもギリシャ神話の英雄ヘルクレスに退治されてしまった、星座の中の悪役たちです。春の宵の空高くそろって見えていますので、注目してみてください。うみへび座の心臓に輝く赤い星もよく目につくことでしょう。

▲西へしずんでいく冬の星座たち 春の宵の西空低く、冬の星座たちがまだ見えています。それでも早い時刻には西の地平線へと次々にしずんでいきます。冬の星座には明るい星が多いので、春の日暮れの西空は、あんがいにぎやかに感じられます。

春の星座の見つけ方

▲春の星座の見つけ方　北の空高くのぼった北斗七星をまず見つけだすのがいいといえます。その北斗七星の柄のカーブを、そのまま延長していくとうしかい座のオレンジ色の1等星がアルクトゥルスをへて、おとめ座の白色1等星スピカに届くカーブができます。これが"春の大曲線"で、春の星座さがしのよい目じるしになってくれます。このほか"春の大三角"や"春のダイヤモンド"などもたどってみると、そのまわりにある星座がつぎつぎに見つけだせます。

▶春の星座の見ものたち　189ページの星図に示してある星雲・星団や二重星などは、双眼鏡や天体望遠鏡で見て楽しめるものです。春の夜空には遠くにある銀河たちがたくさん見えていますので、ひとつひとつさぐってみると興味深いことでしょう。とくにかみのけ座とおとめ座の境界付近に密集しており、低倍率の視野の中にならんで見えてくるものもたくさんあります。春は気流の乱れがおさまってくるので、二重星なども見えやすくなってきます。

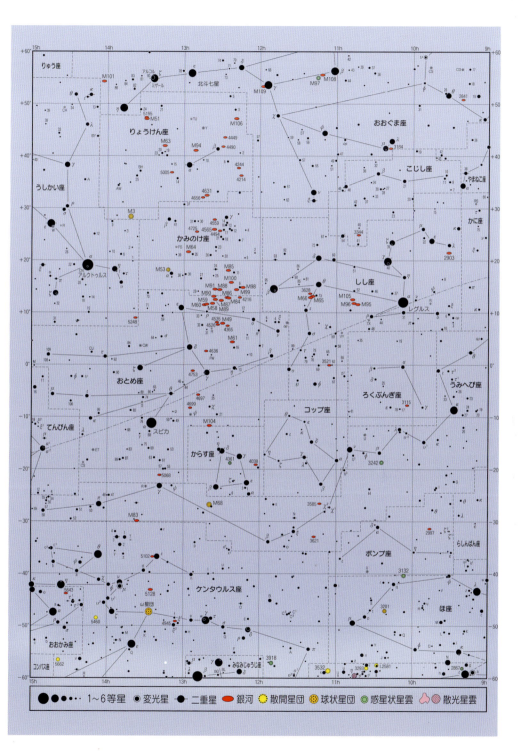

宇宙のなりたちをさぐる　………春の星空で

　春の宵の南の空高く、おとめ座やかみのけ座付近を望遠鏡でさぐると大小の銀河があちこちにあって、まるで群れを作るように分布しているのがわかります。
　おとめ座のあたりで、銀河系のような星の大集団"銀河"が、やたら目につくのは、この方向におとめ座銀河団とよばれる銀河のグループがあるからです。よくしらべてみるとこの広い宇宙空間では銀河は、たった1つでぽつんと存在していることはなく、たいてい銀河群とか銀河団とよばれるグループを形づくっていることがわかります。
　しかも、その銀河の集団は、直径およそ1億光年くらいの銀河のほとんどない空洞"ボイド"のまわりに、薄い膜を作るようにして、延々とつらなって分布しているのです。
　わかりやすいイメージでいえば、そのようすは、まるで洗剤の泡だらけになった

▲北斗七星　春の宵の北の空高く北斗七星が見ごろとなっています。この北斗七星の近くのごくせまい部分に、ハッブル宇宙望遠鏡を向けて写してみたところ、191ページ上のような銀河の非常に混みあったようすが、写しだされました。こんなに銀河があるなんて驚きですね。

▶100億光年かなたの宇宙　宇宙では遠いところほど、昔の姿が見えてくることになります。距離100億光年のところを見ると、こんなに銀河がいっぱいで混雑していたことがわかります。このころは、まだ宇宙は小さかったのです。190ページの北斗七星のしるしをつけた部分をアップして見たものです。

◀おとめ座銀河団　小さな望遠鏡でも、おとめ座付近にはたくさんの銀河が集まっていて、同じ視野の中にたくさんの銀河が見えてきます。およそ6000万光年のところにある、おとめ座銀河団が、この方向にあるからです。私たちの銀河系もこの銀河団グループのはしっこに位置するメンバーの一員らしいのです。

▲ろ座銀河団　宇宙にはいたるところに銀河の大集団グループの"銀河団"や、さらに大きな"超銀河団"があると見られています。

▲衝突する銀河　宇宙の初期のころたくさん生まれた小さな銀河たちは、衝突と合体をくりかえし、より大きな銀河になっていきました。

台所の流しのようなのです。
どうして宇宙全体が、こんな泡だらけの"バブル構造"になってできあがっているのか、天文学者たちは、頭を悩ませることになりました。そこで、その答えを見つけるためには、宇宙の始まりのころのようすをしらべることになり、宇宙背景放射とよばれる、いってみれば宇宙の初めのころの"体温測定"を目的とした、人工衛星COBEやWMAPを打ち上げ、194ページのような結果が明らかになったのでした。

これでみると宇宙の始まりのころには、"体温"のムラムラのゆらぎがあって、その密度のゆらぎがタネとなって、宇宙がどんどんふくらんで大きくなるとともに、ゆらぎの濃いところは、ますます物質をひきよせ、宇宙の成長と進化の過程で、銀河団や銀河やさまざまな天体を生みだし、それが現在私たちが目にしている、バブル（泡）構造の宇宙になったことがわかります。

▲混雑していた昔の宇宙　宇宙が若かったころ、空間はせまくとても混雑していました。

▲**重力レンズで見える像** はるか遠い天体"クエーサー"などを見るとき、その途中に重い銀河があったりすると、遠くの天体の光はその銀河の重力でゆがめられ、ちょうど厚いびんの底から、見た風景のように見えることになります。アインシュタインの相対性理論では、強い重力のまわりでは空間がゆがむとされ、右の図のように光もそのゆがみにそって曲げられるからです。これが重力レンズといわれる現象です。

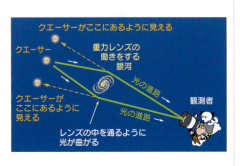

ところで、現在の宇宙が膨張して、どんどんひろがっているとお話ししましたが、銀河の動きを観測してみると、私たちから遠いところにある銀河ほど、はやいスピードで遠ざかっていることがわかっているのです。このことは、宇宙が今も膨張をつづけていることを意味していますが、逆にいいかえれば、昔にさかのぼるほど宇宙が小さかったことにもなります。

宇宙の背景放射をしらべたWMAP衛星の観測からは、宇宙が生まれた138億年前のころは、宇宙はとてつもなく小さな超高温、超高密度の極限状態に押しこめられたような世界だったらしいことがはっきりしてきました。

その点のような宇宙は、無の状態からポッとわき出るようにしてあらわれ、たちまちのうちに"ビッグバン"とよばれる、火の玉の大爆発を起こし、宇宙誕生のスタートを切ったというわけなのです。そして、宇宙誕生から138億年たった現在、膨張しつづけている宇宙は、ビッグバンのときの熱はさめ、空間はひろがり、私たちが見あげている今夜の星空のようなながめになってきているわけです。

現在の宇宙が、年齢138億歳ということはこれで明らかになってきましたが、では、これから先、加速しながら膨張をつづける宇宙の将来はどうなるのでしょうか。

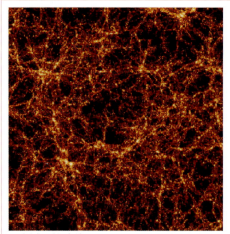

▲宇宙の泡構造　コンピュータで描いたもので、超空洞ボイドと、銀河が膜のようにつらなって宇宙ができあがっているのがわかります。

り、ちぢみだしていくことになります。その逆なら宇宙はひろがりつづけ、やがて宇宙は老化し、星ぼしはすべて燃えつきて姿を消し、ブラックホールだらけのさみしい闇の世界となって時間さえとけて消えていくことでしょう。

最近の観測からは、宇宙はこれからもひろがりつづけていくだろうと考えられるようになってきていますが、この答えをだすためには、宇宙全体の物質の全体量がわからなければなりません。私たちのこの宇宙は、輝いて見えるものより見えない正体不明の暗黒物質"ダークマター"や宇宙の膨張のスピードを加速させる力"ダークエネルギー"の方が、多いかもしれないともいわれています。

見えないものが宇宙の構造の謎や未来の姿を知るカギをにぎっているというのですから、たしかに宇宙のことは奥深いといえるかもしれませんね。

その答えは、じつは、宇宙全体にどれくらい物質の量があるかによってきまることなのです。もし、宇宙がひろがるのにブレーキがかけられるほどの物質が、宇宙につまっていれば、やがて膨張はとま

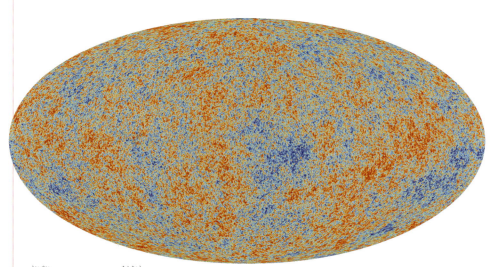

▲衛星でとらえた宇宙誕生から37万年後のゆらぎ　暗いところが温度の低いところです。これらのむらがやがて宇宙に、さまざまな天体を生みだすもとになったと考えられています。宇宙で最初の天体が誕生したのは、ビッグバンからおよそ2億年後のようです。

春の星空ウォッチング

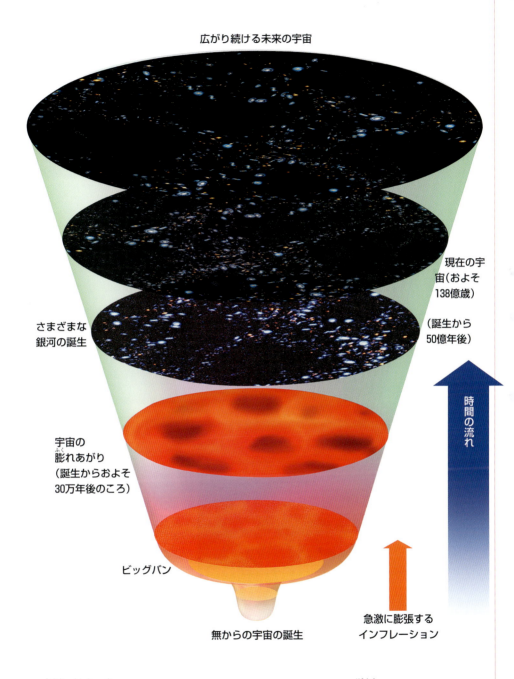

▲**宇宙の進化** 無のゆらぎから生まれ出てきた小さな小さな宇宙のタネは、急激にふくらみはじめ、現在のような大きな宇宙となっていきました。これからも膨張しつづけるだろうとみられています。私たちは進化する宇宙の途中で、生まれ出てきた生命体というわけです。

こぐま座（小熊）

Ursa Minor（略符 UMi）
概略位置：赤経天の北極　赤緯＋78°
20時南中：7月13日
南中高度：北48°
肉眼星数：18個（5.5等星まで）
面積：256平方度
設定者：プトレマイオス

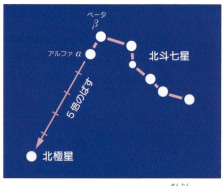
▲北斗七星から北極星の見つけ方　先端の2つの星の間隔を5倍のばして見つけます。

私たちに真北の方向を教えてくれる北極星は、いつ見ても、どこで見あげても真北の空にじっと輝いています。

この北極星をしっぽの先にして、北の空をぐるぐるめぐっている星座がこぐま座です。北の空には、北斗七星のあるおおぐま座という星座がありますが、おおぐま座とこぐま座は母子の星座で、そのお話は200ページにあります。なお、おおぐま座の北斗七星は、右上の図のように北極星を見つけるよい目じるしです。

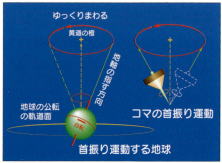
▲移りかわる地軸のさす方向
地球の南北をつらぬく地軸は、月と太陽の引力にゆすぶられ、いきおいのおとろえたコマの心棒のように、2万6000年の周期で円を描くようゆっくりにまわっています。このため地軸のさす方向が変わり、左下の図のように北極星の役目をする星は、移りかわっていくことになります。この現象を"歳差"といいます。

◀移りかわる北極星役　歳差のため、現在はこぐま座のアルファ星が、北極星役をになっていますが、ずっと遠い将来には、七夕の織女星ベガなどに、その役割が変わることになります。

▶こぐま座と北斗七星　こぐま座は、北斗七星をそっくりそのまま小さくしたような形にならんでいますので、おおぐま座とこぐま座の母子の星座のイメージは、つかみやすいことでしょう。北極星は、1年中いつでも同じところに輝いて見えていますので、こぐま座も1年中、地平線下にしずむことなく見えていますが、宵の北の空高くのぼって見やすくなるのは、春から夏にかけてのころとなります。

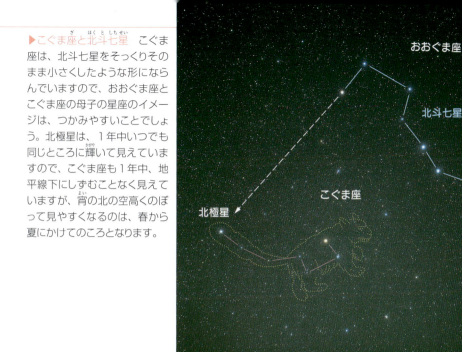

◀北の空の星の動き　夜空に輝く星ぼしは、北極星を中心に時計の針とは逆まわりに、日周運動で動いていきます。ただ、北極星も地軸の向いている"天の北極"から0.5度ばかりはなれているので、くわしく見るとごく小さな円を描いているのがわかります。なお、北極星の見える高度は、見ている場所の緯度と同じになります。北緯35度なら、北の地平線から35度の高さに見えているわけです。

おおぐま座（大熊）

Ursa Major（略符 UMa）
概略位置：赤経11h16m　赤緯＋51°
20時南中：5月3日
南中高度：北74°
肉眼星数：71個（5.5等星まで）
面積：1280平方度
設定者：プトレマイオス

明るい7個の星が、水をくむとき使う"ひしゃく"か料理のときに使う"フライパン"のような形にならんでいるのが、有名な"北斗七星"です。

北斗七星は、中国や日本のよび名で、星座名ではありませんが、おおぐま座では大きな熊の胴体と、しっぽを形づくる北斗七星の部分だけがよく目につきます。

▲北西の空へひっくりかえった北斗七星　見える方向によって、北斗七星のかたむきは変わります。これは夏の宵のころの見え方です。

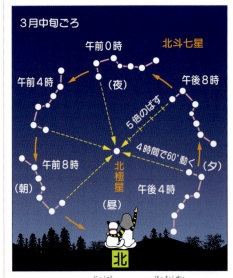

▲北斗の星時計　日周運動で、北極星のまわりをめぐる北斗七星を見ていると、時計とともに見える位置が変わり、時計がわりに使うことができます。ただし、針は時針だけで、時計の針とは反対まわりの星時計になります。

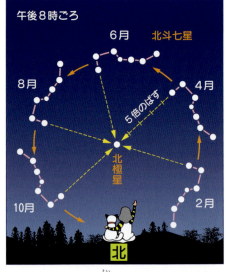

▲北斗の星ごよみ　宵の同じころ北斗七星を見ていると、北斗七星の見える位置が季節の移りかわりによって、ちがってくるのがわかります。同じ時刻での北斗七星の見え方の変化が、カレンダーがわりに使えるというわけです。

カシオペヤ座

▲おおぐま座　宵のころ、北の空高く北斗七星のあるおおぐま座が見つけやすくなるのは、春から初夏にかけてのころです。北斗七星ばかりが目につきますが、その周囲の星と大きく結びつけて、北の空をめぐる大きな熊の姿を、イメージしてみるようにしてください。

母子熊の物語

●熊にされたカリスト

ギリシャ神話では、おおぐま座の大きな熊は、もともとは美しいニンフ、つまり森や泉の精の1人カリストの姿で、おおぐま座の"大びしゃく"北斗七星をそっくりそのまま小さくしたような、"小びしゃく"の形をしたこぐま座をその子アルカスの姿と伝えていました。

カリストは、月と狩りの女神アルテミスの侍女で、いつもそのおともをして、野山をかけめぐっていました。

ところが、その愛らしいカリストが、いつの間には大神ゼウスの愛をうけ、ゼウスの子を宿してしまったのです。

その秘密を知った女神アルテミスは、ひどく怒り、泣いてゆるしを願うカリストに呪いのことばをあびせました。

するとどうでしょう。カリストの全身は、みるみる毛がはえ、美しいくちびるも大きくさけ、泣きさけぶ声もただウォーウォーと熊のほえ声に変わってしまったで

▲おおぐま座　毛むくじゃらの大きな熊の姿は、もともと美しいニンフのカリストが変身させられてしまった姿なのです。

はありませんか。

目の前にとつぜんあらわれた大きな熊に、カリストのつれていた猟犬たちもびっくり、カリストを追いたてました。こうしてカリストは、森の奥深く逃げこんで、暮らさなければならなくなってしまったのでした。

●アルカスと大熊

やがて15年の歳月が流れ、今ではりっぱな狩人に成長したのが、あのカリストの子のアルカスでした。

毎日、山奥深くわけ入って狩りをして暮らすアルカスでしたが、そんなある日のこと、すばらしく大きな牝熊にばったり出くわしたのでした。

じつは、その大熊こそ、アルカスの母親カリストの変わりはてた姿だったのです。大熊のカリストは、目の前にあらわれた若い狩人が、わが子アルカスと知るとなつかしさのあまり、おもわず走りよりました。

しかし、ほえ声をあげながら走りよる大きな熊が、まさか自分の母親とも知らないアルカスには、大熊がおそいかかってくるようにしかみえません。

自慢の弓に矢をつがえると、ここぞとばかり身がまえ、大熊の胸を射ようとしました。

●大熊と小熊の星座に

このありさまをオリンポスの山からじっと見おろしていた大神ゼウスは、アルカスに母殺しをさせてはならないと、アルカスも小熊の姿に変えるとつむじ風をおくって、天上へまきあげ星座にしたと伝

▲熊の姿に変えられるカリスト　女神アルテミスは、カリストが大神ゼウスの愛をうけた秘密を知ると、美しいカリストに呪いのことばをあびせ、熊の姿に変えてしまいました（ティシアン画）。

えられています。

●休めない星座に

このとき、大神ゼウスがあわててしっぽをつかんで天に放りあげたため、おおぐま座とこぐま座のしっぽが、あんなに長くのびてしまったといわれます。また、大神ゼウスの妃ヘラは、ゼウスの愛をうけたカリストとアルカス母子を心よく思わず、ほかの星はみんな1日に1度空をめぐって海に入りひと休みできるのに、この母子熊だけは、たえず北の空をめぐりつづけて、1度だって休むことのできない運命にさせてしまったのだともいわれています。

ミザールとアルコル

おおぐま座の星ならびでは、北斗七星ばかりが目につきますが、その北斗七星では柄の先から2番目のミザールに注目してみてください。ふつうの視力の人なら、そのミザールのすぐそばに小さなアルコルという4等星が、くっついているのに気づくはずだからです。ミザールとアルコルは、肉眼でわかる二重星なのです。

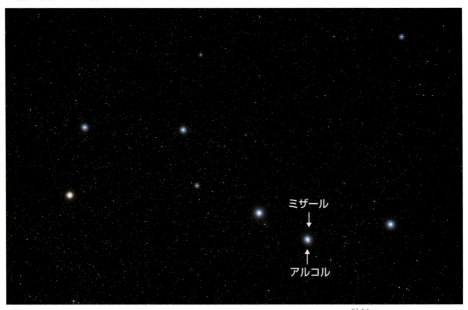

▲北斗七星のミザールとアルコル　昔アラビアでは、肉眼二重星のミザールを兵士の視力検査に使っていました。ミザールとアルコルが、ちゃんと見わけられれば合格というわけです。よくわからなかったら双眼鏡で見てたしかめてから、もう1度チャレンジしてみてください。

変わる北斗の形

夜空に輝く星は、惑星をのぞけば、けっして位置が変わりません。しかし、実際にはどの星も宇宙空間を動いていますので、非常に長い年月の間には、星座の形も変わってしまいます。

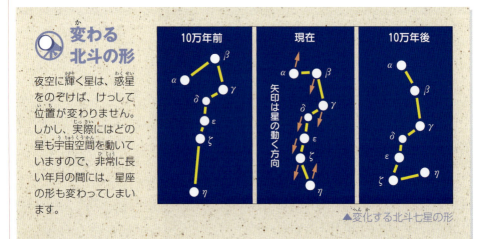

▲変化する北斗七星の形

春の星空ウォッチング

おおぐま座の見もの

双眼鏡や望遠鏡があると、おおぐま座付近にある、星雲や星団を楽しむことができます。とくにおおぐま座からおとめ座にかけて、銀河系のはるか外側に浮かぶ"銀河"の姿がたくさん見えています。銀河系円盤の薄い上下の方向にあたるので、銀河系の天の川などにじゃまされず、遠くまで見とおしがきくからです。

▲ならんだM81とM82銀河　北斗七星から北西にはなれたところでならぶ2つの銀河は、望遠鏡の低倍率の同じ視野内に見られます。

▲ふくろう星雲M97とM108銀河　北斗七星のベータ星の近くにあり、ふくろう星雲はふくろうの顔そっくりな惑星状星雲です。

▲渦巻銀河M81　望遠鏡では渦巻のようすまではっきり見えませんが、写真に写すと渦巻のようすがよくわかります。距離1200万光年。

▲ふくろう星雲M97　2つの薄暗いところがあって、いかにもふくろうの顔のようだというので、こんな名前でよばれています。

かに座（蟹）

Cancer（略符 Cnc）
概略位置：赤経8h36m　赤緯＋20°
20時南中：3月26日
南中高度：75°
肉眼星数：23個（5.5等星まで）
面積：506平方度
設定者：プトレマイオス

淡い星座ですが、ふたご座のカストルとポルックス、それにしし座のレグルスのほぼ中間あたりと、見当をつければいいので、あんがい見つけやすい星座といえます。月明かりのない暗い夜には、かにの甲羅の部分に、散開星団プレセペが肉眼でぼんやり見ることができます。

▶かに座の姿　ざりがにのようなカニの姿だったり、かに座の絵姿は星座図によってじつにさまざまに描かれています。

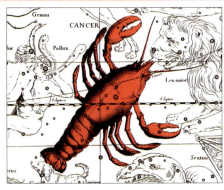
▲ヘベリウス星図のかに座

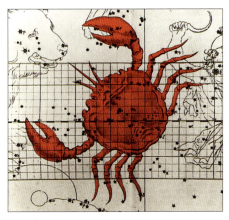
▲ベビス星図のかに座

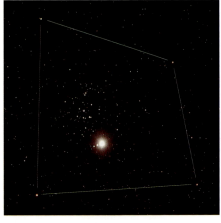

▲木星とプレセペ星団M44　かに座のまん中に見えるプレセペ星団は、肉眼でもぼんやり存在はわかりますが、双眼鏡があると、蜜バチの群れのようなイメージの星団だとわかります。この星団には、しばしば明るい惑星がやってきてならんで見えます。これは木星との接近です。

▲**かに座** ギリシャ神話では、英雄ヘルクレスがうみへび座のヒドラを退治しようとしたとき、ヒドラに味方して、ヘルクレスの足をはさもうとしたおばけがにです。しかし、ヘルクレスにふみつぶされてしまいました。この星座の見ものは、甲羅の中ほどにあるプレセペ星団です。

しし座（獅子）

Leo（略符 Leo）
概略位置：赤経10h37m　赤緯＋14°
20時南中：4月25日
南中高度：69°
肉眼星数：52個（5.5等星まで）
面積：947平方度
設定者：プトレマイオス

ギリシャ神話一番の豪傑ヘルクレスは、12回もの危険な大冒険に出かけましたが、その第1回目のものが、ネメアの谷に住むこの人喰い暴れライオンでした。ヘルクレスに退治されてしまったこのライオンは、おばけ獅子といっていいほどのものですが、星座としてはとてもよく形がととのっていて、春の宵の南の空高くかかる姿は、百獣の王ライオンにふさわしく堂々として見えます。

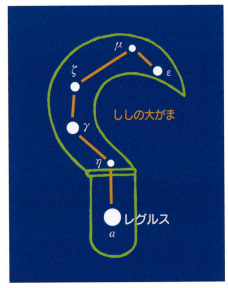

▲ししの大がま　ライオンの頭部を形づくる"?"マークを裏がえしにした星のならびは、"ししの大がま"とよばれ親しまれています。西洋で使われる草かり鎌そっくりな形は、とてもわかりやすいものです。

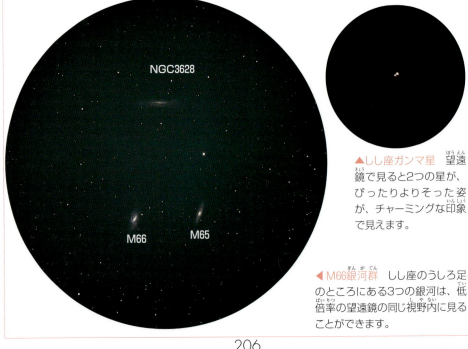

▲しし座ガンマ星　望遠鏡で見ると2つの星が、ぴったりよりそった姿が、チャーミングな印象で見えます。

◀M66銀河群　しし座のうしろ足のところにある3つの銀河は、低倍率の望遠鏡の同じ視野内に見ることができます。

▲しし座 しし座の頭部の、いわゆる"ししの大がま"のところに輝く白色の1等星レグルスは、"小さい王"という意味の名前で、名づけ親はコペルニクスです。距離79光年のところにあって、大きさは太陽の直径の約4倍、表面温度1万3000度の高温の星です。

うみへび座（海蛇）

Hydra（略符 Hya）
概略位置：赤経11h33m　赤緯−14°
20時南中：4月25日
南中高度：41°
肉眼星数：71個（5.5等星まで）
面積：1303平方度
設定者：プトレマイオス

うみへび座は、へびのイメージどおりに全天で一番東西に長い星座です。頭の部分が東の空からのぼりはじめ、尾が出終わるのに7時間近くかかってしまい、全身の見られるチャンスは少ない星座です。

▲春の星座絵　中央に横たわるうみへび座は、その胴体にろくぶんぎ座やコップ座、からす座の3つの小星座をのせている長大な星座です。

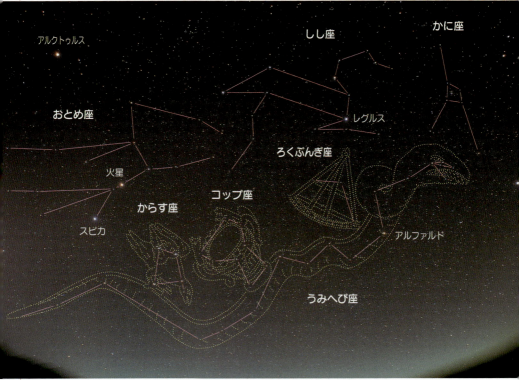

▲うみへび座　名前からはへびの姿を連想してしまいますが、これは英雄ヘルクレスに退治されてしまった頭が9つもあるヒドラという怪物です。東西に長い星座なので、全身を1度に見るチャンスは、4月中旬なら午後10時ごろ、5月中旬なら午後8時ごろとなります。

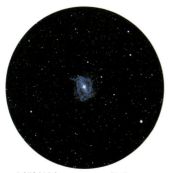

▲小望遠鏡で見たM83銀河 うみへび座の尾のあたりにあって、ぼうっとした姿がわかります。

▶渦巻銀河M83のアップ きれいな渦巻銀河で、私たちの銀河系も真上から見れば、渦巻の腕を持つこんな姿に見えることでしょう。距離1600万光年のところにあります。

▲木星状星雲NGC3242 望遠鏡で見ると、木星のようなイメージに見える惑星状星雲です。

◀散開星団M48 ヒドラの頭の近くにある散開星団で、双眼鏡でもわかります。望遠鏡では、このように星がひろがりすぎて見えます。

からす座(烏)

Corvus(略符 CrV)
概略位置:赤経12h24m　赤緯-18°
20時南中:5月23日
南中高度:37°
肉眼星数:11個(5.5等星まで)
面積:184平方度
設定者:プトレマイオス

春の宵の南の空に見える小さな4辺形がからす座です。大きくないのに意外によく目につく星座です。からす座は、銀色の羽毛を持つ美しい鳥で、人間のことばも話すことができましたが、太陽神アポロンにうそをついたため、真っ黒な姿にされ、ただガアガア鳴くだけとなって、星空にさらされたといわれます。

▲衝突銀河NGC4038と4039　2つの銀河がぶつかって、放りだされた、10億個もの星が昆虫のヒゲのようにのびています。

▲インドの古星図のうみへび座

コップ座

Crater（略符 Crt）
概略位置：赤経11h21m　赤緯−16°
20時南中：5月8日
南中高度：40°
肉眼星数：11個（5.5等星まで）
面積：282平方度
設定者：プトレマイオス

コップなどといわれると、ついジュースを飲んだりするときのガラスコップのようなものを、連想したりしてしまいますが、星座になっているものは、両わきにとっ手のついた、りっぱなクラーテルとよばれる酒杯です。わかりやすくいえば、台つきの優勝カップのようなものを、思いうかべればいいでしょう。

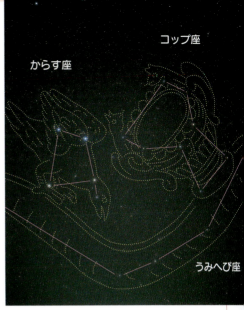

▲からす座とコップ座　どちらもうみへび座の背中にのっている星座です。

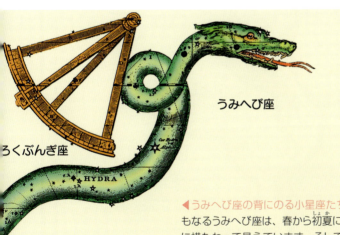

◀うみへび座の背にのる小星座たち　東西に長さが100度以上にもなるうみへび座は、春から初夏にかけてのころ、宵の南の中天に横たわって見えています。そして、全天一東西に長いこのうみへび座の背には、西から順にろくぶんぎ座、コップ座、からす座の3つの小さな星座たちがのっています。このうち、ろくぶんぎ座は、18世紀の天文学者ヘベリウスが天体観測に使っていたもので、火事で焼けてしまったため、しし座とうみへび座の間の星座において、強い2つの星座に守ってもらうことにしたといわれます。からす座とコップ座はギリシャ神話に登場する昔からの星座ですが、ろくぶんぎ座は、新しい星座というわけです。

うしかい座(牛飼)

Bootes（略符 Boo）
概略位置：赤経14h40m　赤緯＋31°
20時南中：6月26日
南中高度：85°
肉眼星数：53個（5.5等星まで）
面積：907平方度
設定者：プトレマイオス

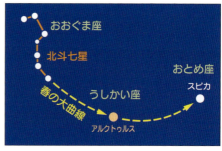

▲ "春の大曲線"

北の空高くのぼった北斗七星の弓なりにそりかえった柄のカーブを、そのまま頭上に延長してくると、オレンジ色の明るい星にいきあたります。これがうしかい座の1等星アルクトゥルスで、明るい星の少ない春から初夏にかけての、宵空でとてもよく目につきます。2ひきの猟犬をつれたうしかい座は、このアルクトゥルスから北へ、ネクタイのような形に星を結んでできる星座です。

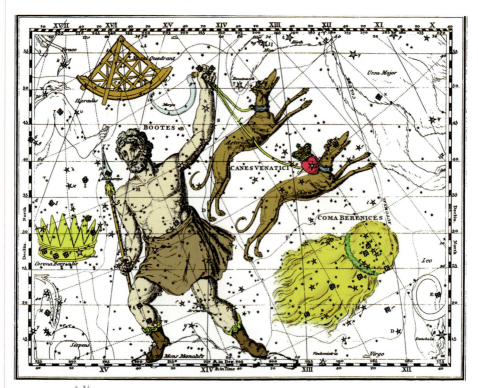

▲うしかい座付近の星座　2ひきの猟犬をつれているのがうしかい座で、北斗七星のおおぐま座を追いたてるように描きだされた星座です。ですから、うしかい座とりょうけん座、おおぐま座は別べつに見るより、ひとつながりの星座として、見た方が面白味があるといえます。

▲**うしかい座** 明るいオレンジ色の1等星アルクトゥルスは、私たちから37光年のところにある近い星で、秒速125kmの猛スピードで、おとめ座のスピカの方へ動いています。しかし、それでも満月の大きさぶん移動するのがわかるのに、800年もかかってしまいます。

りょうけん座(猟犬)

Canes Venatici(略符 CVn)
概略位置:赤経13h04m　赤緯＋41°
20時南中:6月2日
南中高度:北85°
肉眼星数:15個(5.5等星まで)
面積:465平方度
設定者:ヘベリウス

▲コル・カロリ　りょうけん座のコル・カロリは、"チャールズ王の心臓"という意味の名前で、ハートの形が描かれています。

うしかい座のつれた2ひきの猟犬の姿をあらわした星座で、昔は星座としてみとめられていませんでしたが、17世紀にヘベリウスが独立した星座にしました。

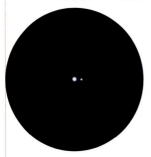

◀二重星コル・カロリ　小望遠鏡でもよく見えます。

▶球状星団M3　うしかい座との境界のあたりにあります。

▲M94銀河　小望遠鏡でも明るい中心部の外側を、ぼんやりにじんだ光がとりまいているように見える渦巻銀河です。

▲M63銀河　渦巻の印象から"ひまわり銀河"のよび名で知られています。小望遠鏡でも、ぼんやり細長くのびた姿がわかります。

▲渦巻銀河M51の中心部　左下にある子もち銀河の親銀河の方の中心部を、ハッブル宇宙望遠鏡でとられたものです。この中心部には、巨大なブラックホールがひそんでいるらしいことがわかっています。

◀子もち銀河M51　北斗七星の柄の先のあたりにある渦巻銀河で、大小2つの銀河が仲よく手をつないでいるように見えるところからこんな名前でよばれています。大きな銀河のまわりを、小さな銀河がまわっているところです。

かみのけ座（髪）

Coma Berenices（略符 Com）
概略位置：赤経12h45m　赤緯＋24°
20時南中：5月28日
南中高度：78°
肉眼星数：23個（5.5等星まで）
面積：386平方度
設定者：テイコ・ブラーエ

春がすみの宵の頭上に目をやると、まばらな星の群れがぼうっと見えています。これがベレニケ王妃の美しい髪の毛をあらわした星座で、正体は散開星団です。

▲かみのけ座銀河団　私たちの銀河系から3億光年もはなれたところにある銀河の大集団で、その数はおよそ1500個にもなります。銀河系の属するおとめ座銀河団とは別の銀河団です。

かみのけ座

▲黒眼銀河M64　中に黒い部分のある渦巻銀河です。

▲NGC4565銀河　銀河系を真横から見た姿にそっくりです。

◀かみのけ座　星を結びつけなくとも、肉眼で散開星団の星座とわかります。

春の星空ウォッチング

かんむり座(冠)

Corona Borealis(略符 CrB)
概略位置:赤経15h48m　赤緯+33°
20時南中:7月13日
南中高度:88°
肉眼星数:22個(5.5等星まで)
面積:179平方度
設定者:プトレマイオス

うしかい座のすぐ東どなりで、くるりと小さな半円形を描くように、7個の星がならんでいるのがかんむり座です。とてもイメージしやすい星座です。

▲かんむり座　日本ではこの半円形を"鬼の釜"とか"車星"、"長者の釜"などと変わった名前でよんでいました。みなさんはどんなイメージに見えるでしょうか。

▲かんむり座　王女アリアドネに酒の神ディオニュソスがプレゼントした宝冠の星座とされています。

▶かんむり座　うしかい座のすぐ東どなりで、小さな半円形を描く姿は、初夏のころの頭の真上あたりで見ることができます。中央の明るい2等星はゲンマとよばれ、宝石という意味の名前です。

おとめ座（乙女）

Virgo（略符 Vir）
概略位置：赤経13h21m　赤緯−4°
20時南中：6月7日
南中高度：51°
肉眼星数：58個（5.5等星まで）
面積：1294平方度
設定者：プトレマイオス

北斗七星の柄のカーブから、うしかい座の1等星のアルクトゥルスをへて、おとめ座の1等星スピカに届く"春の大曲線"を目じるしにすれば、見つけにくいおとめ座の位置は、すぐ見当がつけられます。

▲スピカ　うしかい座のアルクトゥルスとのペアで日本では"春の夫婦星"とよばれます。

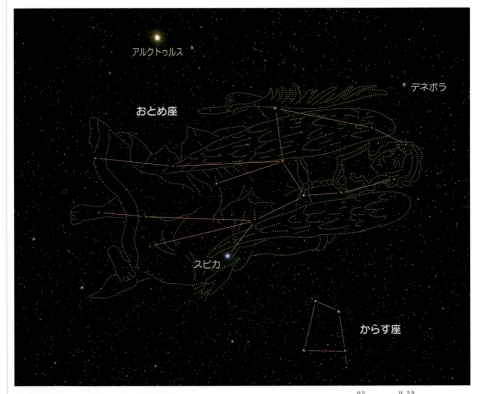

▲おとめ座　白色の1等星スピカばかりが目だちますが、麦の穂を手に持つ農業の女神の姿は、小さな星を結んでY字を横に寝かせたように見えます。スピカは"針"とか"穂先"という意味の名前で、日本でのよび名は"真珠星"です。距離250光年のところにある高温度の星です。

春の星空ウォッチング

▲**アルクトゥルス** おとめ座のスピカは白色ですから、色の対比の美しい1等星どうしです。

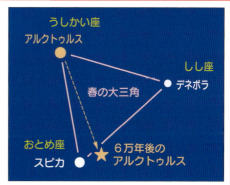

▲**スピカとならぶアルクトゥルスの移動(いどう)** スピードの速いアルクトゥルスは、およそ6万年後のころには、スピカのすぐそばまでやってきます。そのころの夜空では、ほんとうに"夫婦星(めおとぼし)"のようにならんで見えることでしょう。

▲**"春の大曲線"** 北斗七星(ほくとしちせい)の柄(え)のカーブを延長(えんちょう)して、アルクトゥルスからスピカへと届く美しいカーブが"春の大曲線"です。これは西の空へまわった"春の大曲線"が山なりのカーブを描(えが)いて見えている光景(こうけい)で、白いスピカのすぐ近くには赤い火星がならんで見えています。

M87とM104銀河

北斗七星からりょうけん座、かみのけ座、おとめ座あたりには、銀河系のはるか外側にある銀河たちがたくさんあり、小さな望遠鏡で楽しめるものもいっぱいです。中でもおとめ座のM87付近のものと、M104銀河が興味深い見ものです。

▶M87銀河　おとめ座銀河団とよばれる銀河の大集団の中心的な巨大楕円銀河で、小さな望遠鏡でもぼんやり丸みをおびた姿がよくわかります。距離は6000万光年のところにあります。

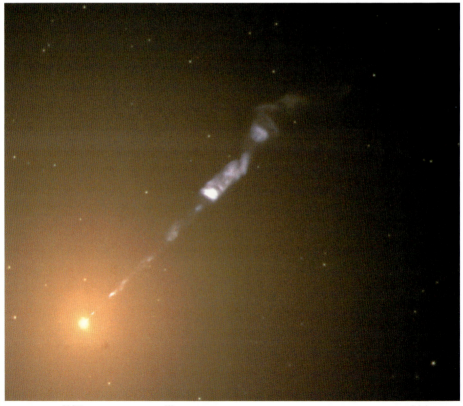

▲ジェットを噴出させるM87銀河　私たちの銀河系は、じつはおとめ座銀河団のはしっこにあるメンバーの一員なのです。その中心にある巨大楕円銀河M87の中心部を、ハッブル宇宙望遠鏡で見ると、中心のブラックホール付近から噴出するらしい激しいジェットがあるのがわかります。

▲ソンブレロ銀河M104　中南米の人たちがかぶる、ソンブレロのように見えるところから、こんなよび名がつけられています。私たちの銀河系を真横から見たときの姿ににている渦巻銀河というのがその正体です。

▶望遠鏡で見たM104銀河　からす座の境界にあり、小さな望遠鏡でもソンブレロのようなイメージはよくわかります。中央を横ぎるチリとガスの暗黒帯も、意外によく見える興味深い見ものです。

ケンタウルス座

Centaurus（略符 Cen）
概略位置：赤経13h01m　赤緯-48°
20時南中：6月7日
南中高度：8°
肉眼星数：101個（5.5等星まで）
面積：1060平方度
設定者：プトレマイオス

ケンタウルス座は、上半身が人間で下半身が馬という、半人半馬の奇妙なケンタウルス族の姿をあらわした星座で、初夏の南の地平線に上半身が見られます。

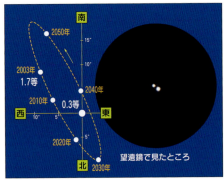

▲ケンタウルス座アルファ星　太陽系のすぐ隣 4.4光年のところにあるアルファ星は、望遠鏡で見ると2つの星が、80年の周期でめぐりあう連星だとわかります。

▲ケンタウルス座　半人半馬の姿をあらわした星座に、60ページのいて座があります。このケンタウルス座は、日本の大部分の地方では、馬身が南の地平線下になって見られず、沖縄付近で全身が見えてきます。その馬の足下には太陽に一番近い恒星のアルファ星が輝いています。

▶**ケンタウルス座ω星団**
ケンタウルス座の中ほどにある大きく明るい球状星団で、肉眼でも3等星くらいの星のように見えます。数十万個の星がボールのように丸くびっしり群れるようすは、小さな望遠鏡でもよくわかり、すばらしいながめで宇宙の神秘を実感させてくれます。距離1万7000光年のところにあります。

◀**ケンタウルス座の電波銀河NGC5128** 銀河の中には強力な電波を放つものもあります。私たちから1200万光年のところにある、この楕円銀河からも強い電波が出ています。中心に太陽の数千万倍もの重さのブラックホールがひそんでいるためではないかとみられています。

南天ウォッチング
――あこがれの南十字星を見よう――

　日本から見えないオーストラリアやニュージーランドの星空にも、たくさんの魅力的な星や星座が輝いています。中でも人気が高いのがおなじみの南十字星で、明るい南天の天の川の中に輝く十字の形は、全天一小さな星座なのに、ひと目でそれとわかるほどはっきりした姿で、南天の訪問者を歓迎してくれます。チャンスがあったら南半球の星空にお目にかかるためだけにでも、旅を計画してごらんになることをおすすめしておきましょう。

南半球の天の川の輝き

南半球の星座

日本から見えない南半球の夜空にも、北半球と変わらない美しい星の輝きがあります。日本から見えないそんな南半球の星空のようすも紹介しておきましょう。オーストラリアやニュージーランドなど南半球の国々へ旅をするチャンスがあったら、ぜひ南の星空の珍しい天体たちの輝きにも注目してみましょう。

▲天の南極付近の星の日周運動　天の北極付近とは、反対に時計の針と同じ方向にめぐります。

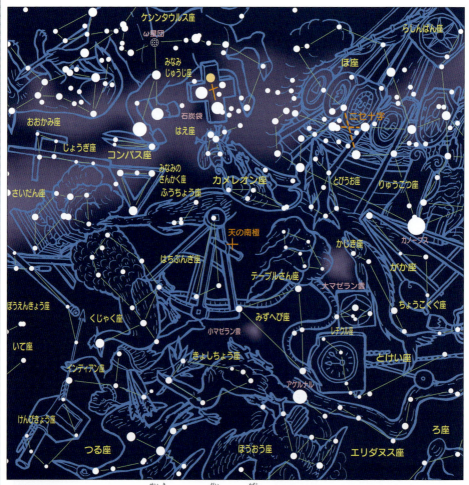

▲天の南極付近の星座たち　16世紀ごろの、大航海時代以後知られるようになった南の国々の珍しい動物たちや、18世紀ごろのヨーロッパの発明品などが星座になっています。

▲**南半球の星空** 北半球と南半球では季節が逆になります。上の星空は日本の夏、つまり、南半球では冬の宵に見上げた星空のようすです。頭上高く明るい天の川が横たわり、右下の地平線近くに大小マゼラン雲が見えています。日本の星空と同じ星座も見えていますが、天の南極付近の星座たちは、日本からはまったく見ることができないものです。

▶**逆さまに見える北の星座たち** 地球儀を見るとわかるように、赤道を越えて南半球に入ると、私たちは日本に対して逆さまのかっこうに立って星空を見あげるようになります。そのため、日本で見あげたときとちがって星座が逆さまになって見えます。この写真はニュージーランドで見たオリオン座ですが、逆さまに見えていることがわかりますね。

南十字座

南十字星：Crux（略符 Cru）
午後8時南中：5月23日ごろ
真南での南中高度：-5度
星座の面積：68平方度
肉眼星数：20個（5.5等星まで）
設定者：ロワイエ

南半球の星空での一番の人気者は、なんといっても南十字星です。ただし、これはたった1個の星のことをいっているわけではなくて、4個の明るい星が十字の形にならんだ星座のことで、正しくは「南十字座」です。南十字座は、全天に88ある星座の中で一番小さな豆星座ですが、十字形をつくる4個の星がどれも明るくまとまって見えているので、とてもよく目につくすばらしい星座です。また、南十字座からは天の南極が見つけられるので、とても大切な星座でもあります。

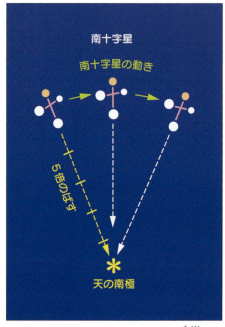

▲南十字座から天の南極の見つけ方　真南の方向を教えてくれる天の南極には、天の北極の北極星のような明るい星がなく、わかりにくいので、南十字座から見つけるようにします。

▲宝石箱NGC4755　南十字座にある明るい散開星団です。星の群れが望遠鏡で見ると宝石箱をのぞいているように美しく見えます。

▲α（アルファ）星は二重星　南十字座の一番南よりのα星は、望遠鏡では2つの星がぴったりよりそって見えます。

▲**南十字座付近** 中央の明るい4個の星を十字に結びつけると、全天一の豆星座「南十字座」となります。明るい天の川の中にあって、とてもよく目につきます。左よりの明るい2個の星のうち、左側の黄色っぽい星は、太陽系に一番近い恒星ケンタウルス座のα（アルファ）星で4.3光年のところにありますが、その右側の青白いβ（ベータ）星は、392光年の遠方にあります。β星の実態がいかに明るい星かがわかることでしょう。

▶**ハワイやグアム島付近での南十字座の見え方** 南十字座は、南天の星座ですが、日本でも沖縄付近で、その全体が水平線上に見えます。しかし、もっとよく見るためには、ハワイやグアム島などへ出かける必要があります。また、南十字座は、日本でいえば、春の宵のころ見えやすくなる星座なので、見ごろは3月から7月ごろまでで、夏休みのころは、あいにく見ることはできません。

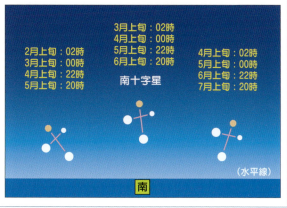

南十字とニセ十字

南の空の明るい天の川の中に輝く南十字座は、ひと目でそれとわかる形をしていますが、近くにもう1つ少し大きめの"ニセ十字"とよばれる星のならびがあります。うっかり見まちがえそうになることもあるかもしれませんので、注意しなければなりません。

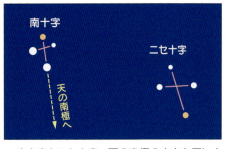

▲南十字とニセ十字　天の南極の方向を正しく教えてくれるのは、南十字座の方です。

▲南十字とニセ十字　南十字座は星座の名前ですが、ニセ十字はりゅうこつ座やほ座の4個の星を結びつけただけのもので、星座名ではありません。上の図のようにニセ十字の長い1辺を5倍延長してみても、天の南極とは関係のない方向をさし示しますので注意しましょう。

▲りゅうこつ座η（エータ）星雲　南十字座とニセ十字の間に見える赤い散光星雲を双眼鏡や望遠鏡で見ると、星雲全体が大きな暗黒帯によって、引きさかれたような迫力ある姿がわかります。

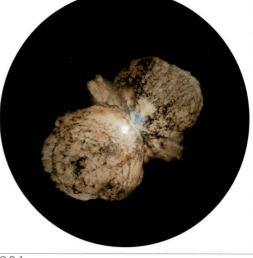

▶りゅうこつ座η星の正体　りゅうこつ座η星雲を輝かせているりゅうこつ座η星は、太陽の重さの150倍もあるとんでもない大きさの超重量級の星です。ハッブル宇宙望遠鏡で見ると、中心の星から噴きだすガスとチリの巨大な2つの袋のような雲が、秒速700キロメートルもの、猛スピードで両方向にひろがっているのがわかります。近いうちに超新星の大爆発を起こし、234ページの1987Aのように、明るく輝いて見えることになるかもしれません。

大小マゼラン雲

大マゼラン雲：かじき座
見かけの大きさ：11度×9度

小マゼラン雲：きょしちょう座
見かけの大きさ：5度×3度

日本から見えない天の南極付近の星空には、小さなちぎれ雲のように浮かぶ2つの天体が見えます。大きな方が大マゼラン雲で、小さな方が小マゼラン雲です。初めて世界一周の航海をはたしたマゼランにちなんで名づけられたもので、ちょうど天の川がちぎれたように見えます。このため天の川が見えないような町の中では見えませんが、夜空の暗い郊外なら肉眼でもよく見えます。

▲天の南極付近の日周運動　雲のようにぼんやり見えるのが、大マゼラン雲と小マゼラン雲で、天の南極の近くにあるのがわかります。

▲大小マゼラン雲　小マゼラン雲も大マゼラン雲も、天の南極付近をめぐりながら、オーストラリアやニュージーランド付近では、1年中いつでも見ることができますので注目してみましょう。

南天ウオッチング

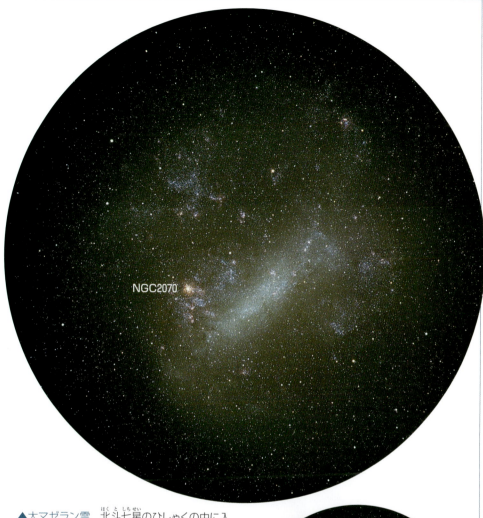

▲大マゼラン雲　北斗七星のひしゃくの中に入るくらいのひろがりがあります。この大マゼラン雲の正体は、距離16万光年のところに浮かぶ星の大集団で、私たちの銀河系のまわりをおとものようにまわっているものです。

▶タランチュラ星雲NGC2070　大マゼラン雲を双眼鏡や望遠鏡で見ると、大きな毒グモのタランチュラのような姿をした星雲があるのがわかります。このガス星雲の中ではたくさんの星が生まれてきています。

▲大マゼラン雲に現れた超新星1987A　大マゼラン雲の中にある、タランチュラ星雲のすぐそばに、1987年の春、2.9等で輝く明るい超新星が出現し、人びとを驚かせました。肉眼で見える超新星の出現は、およそ400年ぶりの珍しいできごとでした。

▶超新星1987A　超新星は、太陽よりずっと重い星が、その一生の終わりに大爆発を起こすもので、大マゼラン雲のタランチュラ星雲のそばに現れた1987Aは青色超巨星が、大爆発を起こしたものでした。これはハッブル宇宙望遠鏡でとらえた爆発からおよそ10年後の姿で、リング（中央）のようなひろがりが見えています。この超新星の大爆発で飛び出してきたニュートリノは、神岡陽子崩壊実験装置カミオカンデで捕えられ、その功績で小柴昌俊先生は、ノーベル物理学賞を受賞されました。

南天ウォッチング

▲小マゼラン雲　大マゼラン雲のおよそ半分の大きさですが、肉眼でもよく見えます。大マゼラン雲より少し遠く、20万光年のところにあります。これも私たちの銀河系のお伴のようにして周囲をめぐる星の大集団です。

▶球状星団NGC104　小マゼラン雲のすぐそばに、4等星くらいの星のように見えますが、望遠鏡で見ると、びっしり星が群れ集まった球状星団だとわかります。小マゼラン雲よりずっと近い、1万4700光年のところにあります。

はちぶんぎ座（八分儀）

Octans（略符 Oct）
午後8時南中：10月2日ごろ
真南で南中高度：−32度
星座の面積：291平方度
肉眼星数：17個（5.5等星まで）
設定者：ラカイユ

　地球の自転軸は、正しく天の北極と南極をさしていますので、天の北極を見つけると真北の方角が、天の南極を見つけると真南の方角を、知ることができます。しかし、天の南極には天の北極の北極星のような明るい星の目じるしがないので、見つけにくいものです。その天の南極のある星座がはちぶんぎ座で、その周囲に淡い南天の星座たちが見えています。

▲天の南極付近の星座　珍しい動物や昔の科学機器の星座などが多く、北半球のギリシャ神話を持つ星座のようなものはありません。しかも、どの星座も小さく淡いものばかりです。

▲南天の天の川　オーストラリアやニュージーランドなど南半球では、日本で夏の南の空低く見えるいて座やさそり座付近の天の川が頭の真上に見え、すばらしいながめとなります。これはその光景を魚眼レンズで写したものです。

▶南のプレアデス星団　日本から見えない珍しい天体がありますので、南半球の星空ウォッチングに出かけるときは、双眼鏡を持っていくのがおすすめです。

太陽系ウォッチング
─太陽系天体めぐりを楽しもう─

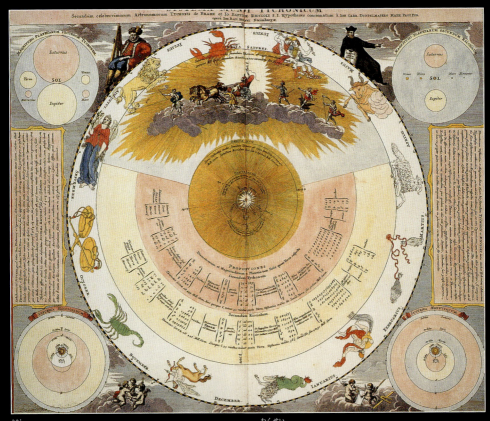

　私たちの住む地球は、太陽をめぐる太陽系の惑星の1つです。太陽系には全部で9つの惑星が知られていますが、太陽系の家族は、それで全部というわけではありません。地球をめぐる月のような衛星もたくさんあります。岩のかけらのような小惑星や長い尾を引く彗星、小さな砂つぶのような流星たちもみんなその一員です。現在、太陽系天体には、つぎつぎに探査機が送りこまれ、その素顔が明らかにされてきています。地球世界とは異なる太陽系天体たち探訪の旅に出かけることにしましょう。

美しい環のある土星

太陽系探検 ……………… 地球の仲間たちの世界

太陽
金星
水星
地球
天王星
小惑星
木星

（この図は太陽系のイメージで惑星や軌道の大きさは正しくなっていません）

太陽系ウォッチング

海王星
彗星
火星
土星

太陽を中心とした天体たちの集まりが"太陽系"です。地球のような惑星をはじめ、月のような衛星、無数の小惑星、尾をひく彗星、流れ星となるチリのような微小天体まで、みんな太陽系の仲間の一員です。その天体たちの姿をさぐっていくことにしましょう。

太陽

自転周期：25.4日
赤道直径：139万2000km
体積：地球の130万倍
質量：地球の33万倍
見かけの大きさ：31′58″
光度：－26.8等

▲東からのぼる太陽

昼間の青空で輝く太陽は、毎日照るということがあたりまえなので、私たちは太陽について考えることはあまりありません。しかし、人間をはじめとして地球上に暮らしているすべての生き物の生活をささえてくれているのは、太陽からとどく光と熱なのです。つまり、私たちにとって太陽ほど大切な天体はないというわけです。

ただ、私たちにとって特別な存在である太陽も、宇宙の中では、夜空に輝く星座の星ぼしと同じ、ごく平凡な恒星の1つにしかすぎません。その太陽の姿を見ていくことにしましょう。

▲投影板で観察しよう　太陽の光と熱は、非常に強いので望遠鏡で見るときは、かならず投影板に投影して安全に見てください。

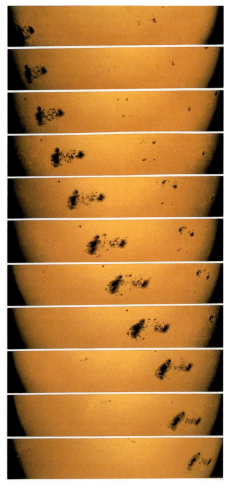
▲太陽の自転　太陽の表面に見える黒点を観察していると、太陽がおよそ25日くらいで、自転しているのがわかります。

太陽系ウォッチング

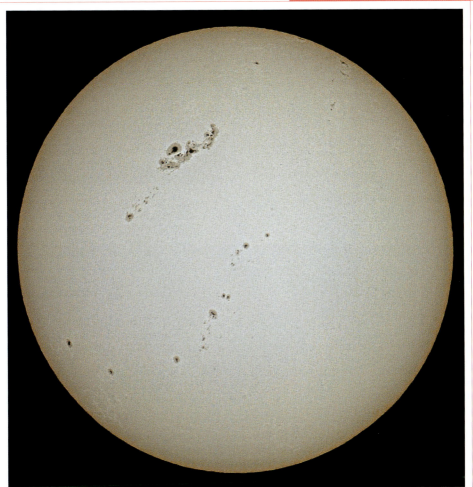

▲太陽の表面　目につくのは黒点とよばれる黒い点です。その数はおよそ11年の周期で増えたり減ったりしています。黒点の数が多いときは、太陽の活動が活発なときです。

▶黒点の正体　太陽の表面温度は6000度ですが、黒点はおよそ4000度くらいと温度の低い部分です。この温度差のため、見かけ上、黒点はあんなに黒っぽく見えているというわけです。

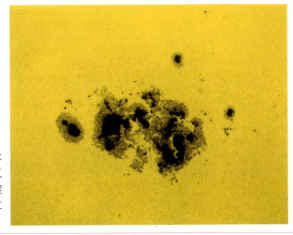

太陽の正体

太陽は、地球の直径の109倍もある巨大な水素ガスのかたまりです。その自分自身の巨体によって強く押しつぶされた中心部の温度は、1500万度、2500億気圧という超高温、超高圧の状態になっています。そして毎秒6200億トンの水素が燃えて熱や光にかわる"熱核融合反応"が休みなく起こって、太陽をあんなに熱く明るく輝かせているというわけです。

▲紅炎　プロミネンスともよばれる赤い炎が表面から噴きあがるように見えています。

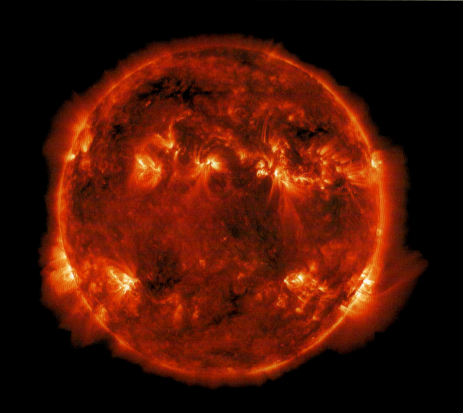

▲激しい太陽の素顔　明るい丸い球のような太陽の表面の温度は、6000度ですが、特別な光で見ると、その表面の激しく活動するようすが見えてきます。これは100万度をこえるコロナからの紫外線放射で見た太陽の素顔です。太陽投影板で見た太陽の姿とは、大きくちがっていますね。

▲コロナ質量放出 太陽の表面で起こる激しいフレア爆発などで、コロナが噴きだす現象が"コロナ質量放出"です。放出された2日後には、電気をおびたつぶの流れ"太陽風"が地球に吹きつけ、地上に電波障害を起こしたり、オーロラを出現させたりすることになります。

▶ループ状になったコロナの流れ
100万度にもなっているコロナの熱くなったガスのようすを紫外線で見たものです。まるで磁石のまわりにできる砂鉄の描く模様のようですね。このことから、太陽が巨大な磁石の性質をもった星であることがわかります。自転する太陽と内部のガスの流れが作用しあって電流がおこり、太陽は巨大な発電機のようになっているからです。

日食を見よう

太陽が欠けて見える日食は、新月が太陽をおおいかくすために見える現象です。つまり、太陽が欠けて見えている部分は真っ暗な新月というわけです。

日食は数年に1度くらいしか見られないめずらしい現象なので、まぶしい太陽の光をじゅうぶんに弱めて、安全に見る方法で観察するようにしましょう。

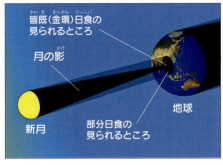

▲日食の起こるわけ　地球のまわりをまわる月が、新月になったとき、うまく太陽をかくすと、太陽が欠ける日食になって見られます。

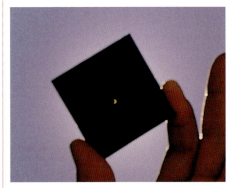

▲日食グラスで見よう　日食のときでも太陽のまぶしい光は、ほとんど弱められることはありません。日食観測専用の安全な日食グラスを使って見るようにしてください。

▲部分日食　太陽の一部分だけが欠けて見えるもので、ほとんどの日食は、この部分日食として見られるものです。

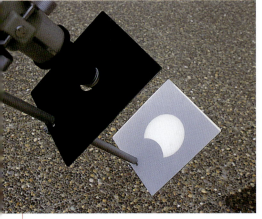

◀太陽投影板に投影して見よう　望遠鏡で見る場合は、太陽投影板に日食像を投影して見るのが安全といえます。

▲皆既日食　見かけ上、太陽も月もほとんど同じ大きさに見えていますが、時にはほんの少し月の方が大きく、太陽の全面をおおいかくし、"皆既日食"となります。このときは、ふだん太陽がまぶしくて見ることのできなかったコロナが黒い太陽のまわりにひろがり、すばらしい光景となります。次に日本で皆既日食が見られるのは2035年9月2日で、北関東付近です。

▲金環日食　見かけ上、新月の方が少し小さいと、太陽をおおいかくすことができず、太陽の周囲が丸い環となってはみだして見える"金環日食"となります。この写真は、金環日食の経過を5分ごとにとらえたものです。金環日食のときは太陽がまぶしくて、コロナは見られません。次に日本で金環日食が見られるのは、2030年6月1日で、北海道で見られます。

月

新月から新月まで：29日12.7時間
自転周期：27.3地球日
地球からの平均距離：37万4400km
赤道直径：3476km
質量：地球の0.0123倍
表面温度：－150℃～＋100℃

月は、地球のまわりをまわる地球の衛星です。つまり、私たちにとって一番身近な天体というわけです。そのため、満ち欠けするようすや、その表面に薄暗い模様があるのを肉眼で見ることができます。まず肉眼で月の姿を観察してみましょう。

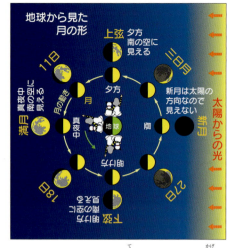

▲**月の満ち欠け** 太陽に照らされた部分と影の部分の見え方が変化して、月の形はおよそ1か月で満ち欠けをくりかえします。

◀**夕空の三日月** 細い三日月の暗い部分に注目すると、淡く見えているのがわかります。地球で反射した太陽の光が、月の夜の部分を淡く照らしだしているからで、この現象を"地球照"とよんでいます。

▶**夜明け前の細い月** 三日月とは反対側が明るく見えています。

▲**三日月** 夕方の西の空低く見える細い月で、新月から3日すぎるころ見られます。

▲**上弦** 夕空の南の空高く半分に欠けた姿をしています。真夜中ごろ西へしずみます。

▲**月齢13** 新月からかぞえて何日目の月かを示すのが月齢で、これは13日目の月です。

太陽系ウォッチング

▲東の空からのぼる満月

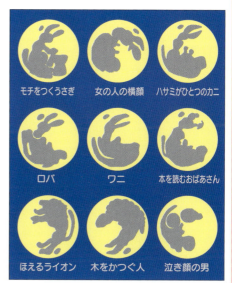

▶月の模様の見え方　月の表面には薄暗い模様が見えています。月はいつも地球に同じ半球側を向けるようにして、地球のまわりをまわっていますので、薄暗い模様はいつも同じように見えています。昔から人びとは、その模様をさまざまな姿に見てきました。日本では、月のウサギの模様として親しまれてきましたが、世界各地にいろいろな見たて方がありました。

◀中秋の名月のお月見の飾りつけ　旧暦八月十五夜のお月見を楽しむことにしましょう。中秋の名月はたいてい9月になります。

▲満月　太陽の真反対にやってくると、まん丸な満月となり月面の模様がよく見えます。

▲下弦　満月をすぎると、反対側が欠けてきます。上弦の月とくらべてみましょう。

▲月齢27　夜明け前の東の空低く見え、まもなく真っ暗な新月となり、見えなくなります。

月面ウォッチング

月は地球に最も近い天体なので、見かけの大きさもじゅうぶんあって、倍率が7倍くらいの双眼鏡でさえ、まん丸な大きなクレーターや、平らな海のようすがよくわかります。望遠鏡なら小さなクレーターはもちろん、谷や崖など、月面のさまざまな地形をはっきり見ることができます。地球とはまったくちがう別の天体の姿を見るのは、とても興味深いものです。倍率を高くして月世界めぐりを楽しむことにしましょう。

▲双眼鏡で見たときの月　クレーターも見えます。

上弦

下弦の月のアップ

▲欠けぎわで見えやすい地形　月面は、太陽に照らされて明るく見えています。このため欠けぎわのあたりは、地形に影ができて、凹凸のようすがとてもわかりやすくなっています。双眼鏡や望遠鏡での月面ウォッチングは、月が欠けているときの方が楽しめるわけです。

◀満月のころの月面　太陽が真正面から照らしているため、地形の凹凸のようすはよくわかりません。かわりに月面上の白く光るクレーターや、そのクレーターから飛び散るような、白いすじ、レイ（白条）が輝いて見えるようになります。その年のもっとも地球に近づいて大きめに見える満月は、スーパームーンなどとよばれることがあります。

太陽系ウォッチング

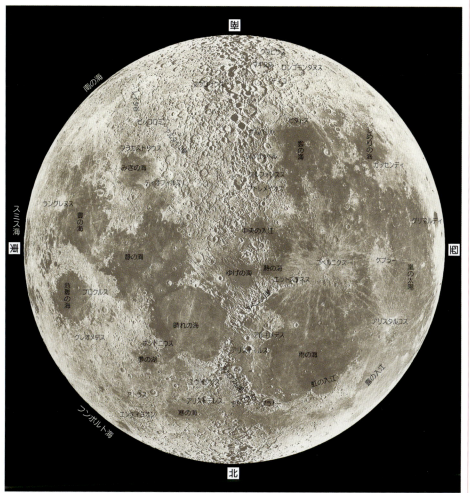

▲**月面の地形名** 地球の地名と同じように、月面の地形にも名前がつけられています。クレーターには、科学者などの名前が多く、山脈には地球上の有名な山脈などの名前が、そのままつけられたりしています（上の写真は、上弦と下弦の月を合成したものです）。

※天体望遠鏡で見ると上下が逆さになり、上が南になります。

▶**月面のアップ** 月面の海とよばれている部分は、水のない平原の部分で薄暗く見え、クレーターの多い山岳地帯は白っぽく見えます。望遠鏡の倍率を高くして、地形の細かい部分にも注目してみることにしましょう。

月世界探検

地球に一番近い天体として月は、宇宙へ進出する人類にとって、絶好の宇宙基地となるものです。このため、さまざまな月ロケットなどが送りこまれ、月世界の調査や研究が現在も進められています。
そんな月世界探検にとってのハイライトは、1969年7月のアポロ11号に乗船した宇宙飛行士たちによる月面到達でした。地球以外の天体に人類が初めて第一歩をしるした大きなできごとでしたが、月面からながめた、青い地球の美しさに、あらためて人びとが気づかされることにもなりました。

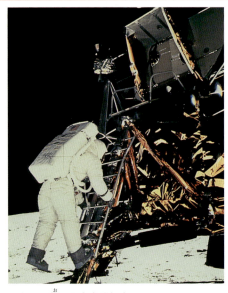
▲月面へ降りる宇宙飛行士

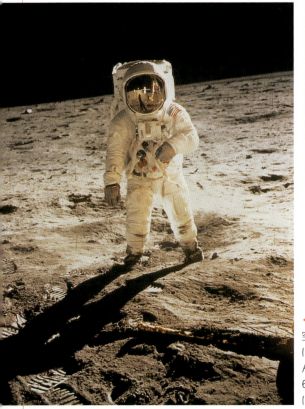

▲活躍する月面車　空気がないので、昼でも空は真っ暗です。また太陽光線のあたっている部分は、100度にもなり、夜の部分は−150度と、ものすごい温度差のある世界です。

◀月面を探検する宇宙飛行士　水も空気もない月世界では、宇宙服を身につけて活動しなければなりません。ただし、月世界の重力は地球の6分の1なので重い宇宙服でも身軽に動けます。

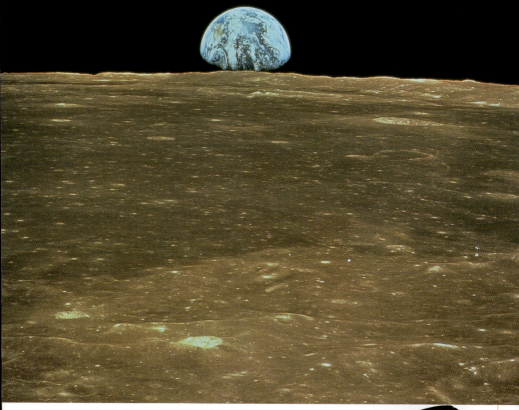

▲月から見た地球　月世界は空気も水もないひからびた世界です。その上空に浮かぶ地球は透明な大気と青あおとした水の惑星で、生命があふれた世界です。地球の環境を大切にしなければならないことがあらためて実感されますね。なお、アメリカや中国、インド、日本などは、再び月に人を送りこみ、さらにその先の火星への有人飛行も計画しています。

▶北極側から見た月面　地球から見ることのできない角度の、北極上空からロケットでとらえた月面のながめです。月世界の資源などの調査のため撮影された、特殊な写真です。

月食

地球は、太陽の反対側に長い影をひいています。月が太陽の反対側にやってきて満月になるとき、うまくその地球の影の中に入りこむと、月が欠けて見える"月食"となります。月の通り道と地球の影が少しかたむいているので、満月はたいてい地球の影の上か下をはずれて通りすぎることが多く、月食は年に1回くらいしかお目にかかれないめずらしい現象となってしまいます。月食の見られるときは、肉眼、双眼鏡、望遠鏡で注目しましょう。

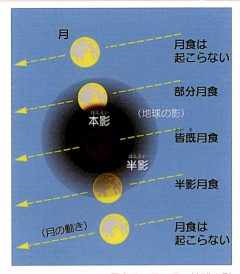

▲月食のいろいろ 地球の影を満月が横切るとき、影への入り方のちがいによっていろいろな月食となって見えることになります。

◀月食の起こるわけ 地球の影の中に満月が入りこむと、月食となって見られます。月食はかならず、満月のときに起こる現象です。

▲地球の丸い影 まん丸な地球の影は、当然丸い形をしていますが、ふだんはそんなようすは見られません。しかし、月食のときは満月の表面に丸い地球の影がうつるので、地球が丸いことを目でたしかめることができます。これは、地球の影の中を通る満月の連続写真です。

▶**月食の経過** 満月が地球の影の中に入りこんでいくようすは、肉眼でもはっきり見ることができますが、双眼鏡があるとよりはっきりわかります。満月が地球の暗い本影にすっぽり入りこむと月が見えなくなってしまいそうですが、実際には、赤黒っぽく見えています。これは地球をとりまく空気を通りぬけた太陽の赤い光線が屈折して、地球の影の中に入りこんでいて、月面を赤暗く照らしだすためです。とても幻想的な光景ですので、皆既月食のときには注目してみましょう。

▲**半影月食** 地球の影のうち、周囲のごく淡い部分に満月が入りこむだけのものです。本影に近い側がほんのわずか暗くなるだけなので、肉眼では満月が欠けたようには見えないくらいです。

▲**部分月食** 地球の本影の南か北のはしを月が通りすぎるだけなので、満月の北側か南側の一部分が欠けて、見えるだけのものです。浅く欠ける場合、深く欠ける場合といろいろになります。

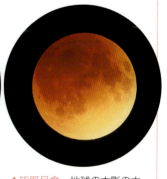

▲**皆既月食** 地球の本影の中にすっぽり入りこむと、満月が赤銅色に変化して、幻想的な月面となります。満月の光が消えて夜空が暗くなるので、皆既中は星空もよく見えるようになってきます。

星食

月はおよそ1か月がかりで満ち欠けをくりかえしながら、星空を西から東へ動いています。このとき、見かけの大きさのある月は、しばしば星座の星や惑星たちをその背後にかくすことがあります。これが"星食"や"惑星食"とよばれる現象です。肉眼でも見える場合もありますが、双眼鏡があると見ることのできる星食の回数はより多くなります。

▲プレアデス星団の食　地球照の美しい三日月につぎつぎに星がかくされていきます。

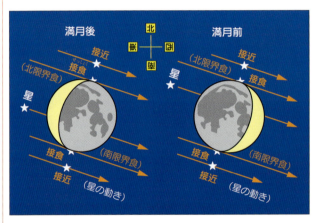

◀星食の見え方　星や惑星たちが月にかくされるようすには、さまざまな見え方があります。これらの予報は、毎月の天文雑誌や天文年鑑、インターネットなどで知ることができます。

▲金星食　上左の写真は三日月に金星がかくされるところで、右は出現したところです。明るい星や惑星の食は、その名前をとって、とくに金星食などとよばれることもあります。月が細く欠けているときは、地球照がはっきり見えるので、とても観察しやすくなります。

太陽系ウォッチング

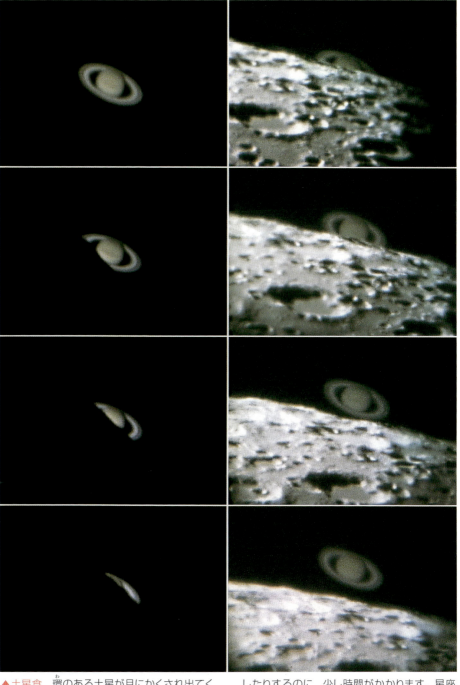

▲土星食　環のある土星が月にかくされ出てくるようすを、連続的に示したものです。惑星は見かけの大きさがあるので、かくされたり出現したりするのに、少し時間がかかります。星座の星の場合は、一瞬でかくされたり出てきたりします。観測準備を早めにして見まもりましょう。

水星

太陽からの距離：5790km
公転周期：88日
自転周期：58.7日
赤道直径：4880km
表面温度：-180度～+430度
衛星の数：0

太陽系の一番内側をまわる水星は、月と火星の中間くらいの小さな惑星です。いつも太陽の近くでしか見ることができませんので、水星の姿は夕方の西の空ごく低くか、夜明け前の東の空ごく低くでしかお目にかかることができません。

▲水星の太陽面通過　地球から見ると、太陽と水星がかさなって見えることが、まれにあります。上の小さな黒い点が水星です。

▲夕空低く見える水星　太陽系の一番内側をまわる水星は、地球から見ると太陽から28度以上離れて見えることはありません。夕方か明け方の空では、259ページの図のように、東方最大離角か、西方最大離角のころが見るチャンスとなります。これはオーストラリアで見た光景です。

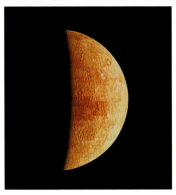

▲水星の表面 月とそっくりなクレーターが、たくさんあります。右はそのクレーターのアップです。これは水星探査機が接近して写したものです。

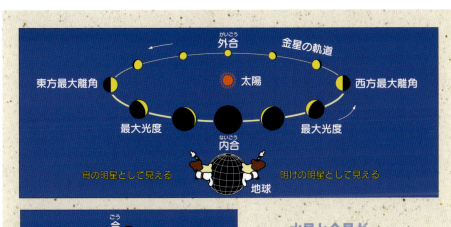

水星と金星が満ち欠けして見えるわけ

天体望遠鏡で見ると水星も金星も、月のように満ち欠けして見えます。これは、太陽に照らされた面と夜の暗い部分が地球から見えていると変わるためです。そして、地球からの距離が変化するため、見かけの大きさも変わります。金星の場合は、双眼鏡でも細く欠けた形がわかることもあります。

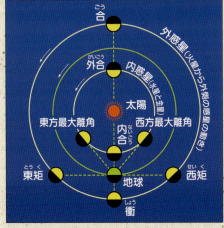

◀惑星の動き

金星

太陽からの距離：1億800万km
公転周期：224.7日
自転周期：243.0日
赤道直径：1万2100km
表面温度：460度
衛星の数：0

夕焼け空に輝くすばらしい明るさの星を見つけたら"宵の明星"の金星と思って、まずまちがいありません。明け方の東の空で輝くすばらしい明るさの星を見つけたら"明けの明星"と思ってまずまちがいありません。地球のすぐ内側をまわる金星は、このように宵の明星として見えたり、明けの明星として見えたりしているのです。また、一番明るくなる最大光度のころになると、太陽の出ている昼間の青空の中でさえ見ることができます。

▲宵の明星の金星　とくに細い月とならんで見えるときには、印象的なながめとなります。金星の明るさは、およそ−4等星です。

▲双眼鏡で見た金星　最大光度をすぎたころの細い金星は、見かけの大きさが大きく双眼鏡でさえ三日月のように欠けた姿がわかります。

▲望遠鏡で見た金星　見かけの大きさがじゅうぶんにあるので、低倍率の望遠鏡でも金星の満ち欠けのようすは、はっきりわかります。

太陽系ウォッチング

▲**外合すぎのころの金星** 259ページの図と見くらべながら金星の満ち欠けのようすをしらべてみましょう。

▲**欠けてきた金星** 表面が厚い雲におおわれているため、金星の表面に模様らしいものは見えません。

▲**東方最大離角** 上弦の月のような半月状に欠けた形となっています。太陽の東側へ一番離れて見えるころです。

▲**最大光度** 三日月のように細く欠けていますが、地球に近づいているため、最も明るく輝いて見えます。

▲**内合直前** 内合のころの金星は、太陽の方向で見えませんが、それをすぎると再び最大光度になります。

▲**西方最大離角** 下弦の月そっくりの半月状の姿として見えます。太陽の西側へ最も離れて見えるころです。

金星の太陽面通過

地球の内側をまわる金星は、非常にまれに太陽とかさなって見えることがあります。258ページにある水星の太陽面通過よりもっとめずらしい現象で、2012年6月6日に見られました。なお、次に金星の太陽面通過（日面通過ともいいます）が見られるのは、2117年12月11日のこととなります。

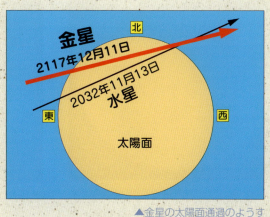

▲金星の太陽面通過のようす

金星の世界

金星は、地球とほぼ同じくらいの大きさの惑星です。しかし、環境は大ちがいで、地表面の温度は460度、大気の圧力はおよそ100気圧、おそろしい硫酸の雲におおわれた灼熱地獄のような世界なのです。

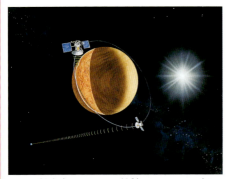

▲金星探査機マゼランで観測　金星は、ぶ厚い雲におおわれ、直接表面が見られないので、電波のレーダーによって地形が調べられました。

▲厚い雲におおわれた金星の世界　厚さが20kmもある、厚く濃い雲におおわれているため、外側からは表面を直接見ることができません。

▲金星の雲の流れ　紫外線で見ると、上空の強い風によってすじ状に流れる雲のようすがわかります。風の速さは秒速100mです。

▲金星の地表　レーダーの観測で明らかになった、雲の下の金星の地面のようすです。金星の自転はゆっくり逆まわりで、243日もかかります。

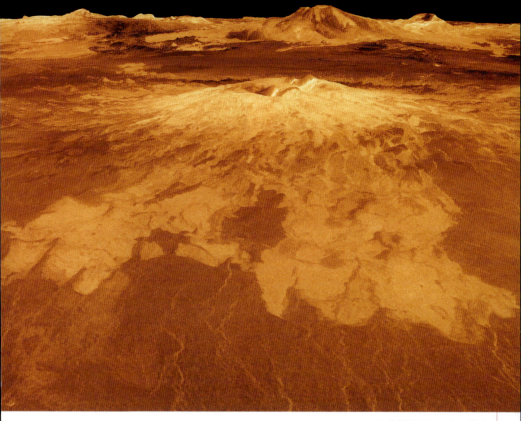

▲**金星のマート山** 高さが8kmもある巨大な火山で、1978年に大噴火したといわれています。周囲には溶岩が流れてできた地形がひろがっています。

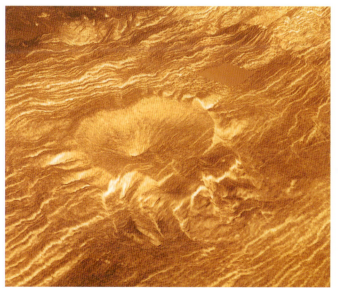

◀**金星の地形** 火山活動などの活発な金星には、月や水星にあるようなクレーターらしい地形はほとんど見あたりません。地表の変化が激しく厚い雲におおわれ、天体衝突の跡が残りにくいからです。

火星

太陽からの距離：2億3000万km
公転周期：687日
自転周期：24時間37分
赤道直径：6794km
表面温度：－120℃～＋25℃
衛星の数：2個

▲火星とさそり座の1等星アンタレス　真っ赤な火星と赤いアンタレスがならんで、赤さくらべを競いあっているように見えます。

地球のすぐ外側をまわる火星は、ごく淡いながら大気につつまれ、空には雲が浮かび、極地には白い雪原がひろがっています。大きさは地球の半分しかありませんが、太陽系の惑星の中では、一番地球の環境に近く、将来、人類が移住する最初の惑星となることでしょう。そのための準備段階として次つぎと探査機が送りこまれ、火星世界の調査が進められています。

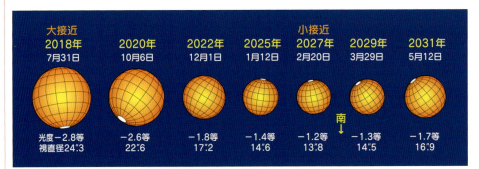

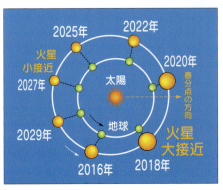

▲接近時の火星の見かけの大きさのちがい　地球のすぐ外側をまわる火星は、およそ2年2か月ごとに左の図のように、地球との接近をくりかえしています。しかし、同じ接近とはいっても、火星の軌道がまん丸ではなくいびつなため、接近する方向によっては、地球と火星の距離に大きなちがいがあり、火星の見かけの大きさが上の図のように大きく変わります。大接近のときと小接近のときでは、倍ちかく見かけの大きさがちがい、大接近のときの火星面は、小望遠鏡でも観察しやすくなります。

太陽系ウオッチング

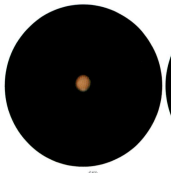

▲**小さな火星の姿** 火星は小さな惑星なので、ふだんは望遠鏡で見ても、表面の模様などがわかりにくいものです。

▲**自転で変わる模様** 接近したときの火星面の模様は見やすくなりますが、自転しているので見える面が変わります。

▲**白い極冠** 火星の南極と北極には、真っ白に見える極冠があります。大接近のころ見えやすいのは上の南極冠です。

◀**火星面の模様** 地球と同じように、火星にもきまった模様が見えています。火星の自転周期は、地球の1日より40分ほど長いだけですので、1日の長さはほぼ同じくらいといってよいでしょう。その自転につれ、いろいろな方向の模様が見えてきます。この写真では上が北極です。

	ヘラス		アルギューレ		太陽の湖	シレーンの海	S30°
キンメリア人の海	チュレニーの海	サバ人の湾	真珠の湾	アウロラの湾			
			子午線の湾				0°
ケブレン地方	大シルチス					アマゾン地方	N30°
			アキダリアの海				
240°	300°		0°	60°		120°	180°

▲**火星面図** 接近のとき火星の模様は見えやすくなりますが、小さな望遠鏡でも見えやすいものを示したのが、火星の地図ともいえる火星面図です。天体望遠鏡では、逆さまに見えるので、見くらべやすいように、図の上が南となっています。大シルチスがとくに濃く見えやすい模様です。

火星の世界

火星世界の環境は、地球とにているところもたくさんありますが、ずいぶんちがってきびしいところもあります。
それは、火星の大気は、ほとんどが二酸化炭素で、酸素たっぷりの地球の大気とは大ちがいで人間はそのままでは暮らせません。気温もマイナス数十度と寒く、大地は乾燥して水もありません。

▲**火星の未来基地** 将来、火星には地球人の宇宙基地が建設され、みなさんもそこで活躍することになるかもしれません。

▲**マリネリス渓谷** 中央を横ぎるのが太陽系最大の渓谷で、全長は4000kmをこえます。今はまったく水はありません。

▲**大昔の火星（想像図）** 地球と同じように海があって、マリネリス渓谷などにもいっぱい水があったと考えられています。

火星の小さな衛星

地球は、月という大きな衛星をつれていますが、火星がつれているのは、22kmのフォボスと、12kmのダイモスという2つのごく小さな衛星です。じゃがいものような形をしていて、これは火星につかまった小惑星なのかもしれません。

▲火星の衛星フォボス

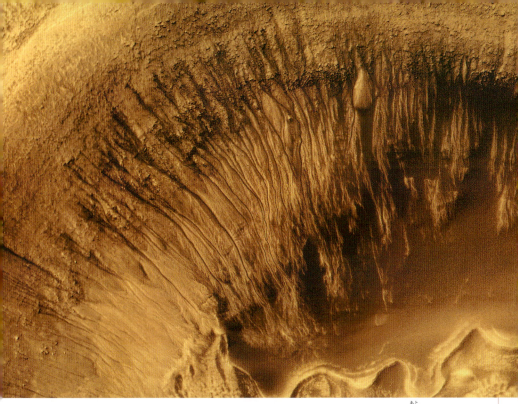

▲水の流れだした跡　火星のあちこちには、地下の水がとけて流れだしたような地形があります。大昔の水が地下で氷になっているのかもしれません。左の写真は火星の地面のようすですが、大洪水の流れた跡のようにも見えますね。

🔭 火星の生命？

100年ほど前には、火星には地球人よりすぐれた知能をもつ火星人がいるのではないかといわれましたが、もちろん、今では否定されています。しかし、火星から地球に飛んできた隕石の中に、バクテリアの化石（？）のようなものが見つかったりして、火星の生命さがしが続けられています。

▲火星隕石中に見つかった微生物？

小惑星

（準惑星ケレスのデータ）
太陽からの距離：4億1390万km
公転周期：4.6年
自転周期：9時間
赤道直径：939km

火星と木星の間には、小惑星とよばれる小さな天体がたくさんまわっています。太陽系が誕生した46億年前には、こんな小天体が無数にあって、それらが雪だるまのように集まって、地球のような惑星となりましたが、現在の小惑星たちは、木星の引力にじゃまされて、惑星に成長できなかったものといわれています。

▲小惑星の移動　30分の間に大小2つの小惑星が移動して、少しのびた像に写っています。小惑星は、小さな星のようにしか見えませんが、移動していくのでそれとわかります。なお、ケレスは準惑星に分類されています。

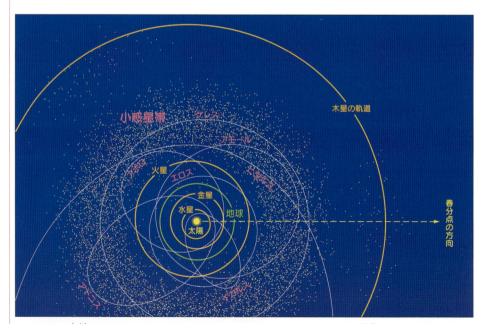

▲小惑星の軌道　ほとんどは、小惑星帯とよばれる火星と木星の間の軌道上をめぐっていますが、なかにはその軌道をはずれたものもたくさんあります。小惑星の混雑している小惑星帯では、衝突も起こっていて、飛びちった破片が隕石となって地球上に落ちてくることもあります。

太陽系ウオッチング

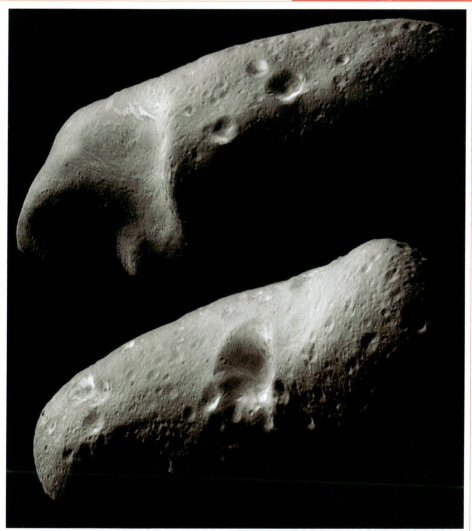

▲**小惑星エロス** 細長い形をしたエロスを2方向から見た写真です。大きさは38×15×14km、5.7日の周期でも自転しています。地球の近くまでやってくる変わった軌道をもつ小惑星です。

▶**いろいろな小惑星たち** 大きさ数mのものから、準惑星ケレスの939kmのものまで、サイズはじつにさまざまです。また、281ページにある太陽系の冥王星の外側をめぐるもう1つの小惑星帯太陽系外縁天体の中には、2000kmをこえるような大きなものもあります。

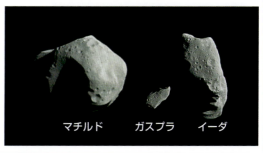

マチルド　ガスプラ　イーダ

木星

太陽からの距離：7億7800万km
公転周期：11.9年
自転周期：9時間55分
赤道直径：14万2984km
表面温度：－140℃
衛星の数：69個

太陽系最大のジャンボ惑星が木星です。直径は地球の11倍もあります。しかし、地球のような惑星とは大ちがいで、固い地面はなく、ほとんどがガス成分でできた、どちらかといえば太陽のような性質をもった惑星といえます。事実、木星がもう少し大きかったら太陽のように自分で光を放つ太陽系第2の太陽になったかもしれないといわれています。

▲おうし座にいる木星と土星　おうし座のプレアデス星団の近くにならんで見えたときの木星と土星で、木星の明るさは－3等星、土星は0等星の明るさで輝いているところです。木星は、およそ12年で星空を1周しています。

▲木星　望遠鏡で見ると木星は、南北につぶれた楕円形をしていて、表面には縞模様が見えます。これは木星が10時間たらずのはやさで自転するためで、雲の流れが、東西方向にのびた縞模様となっているためです。

▲木星のガリレオ衛星たちの動き　小さな手作り望遠鏡でガリレオが発見したところから、こうよばれている4個の衛星たちで、木星のまわりをまわるようすは、小望遠鏡ではもちろん、双眼鏡でさえ見ることができます。

▲木星の大赤斑　縞模様のほかに、大赤斑とよばれる大きな渦巻が見えます。正体はよくわかりませんが、350年以上も見えつづけています。

▲接近して見た木星　左はハッブル宇宙望遠鏡で地球から見たものですが、これはボイジャー探査機で接近して見た木星面です。左下は衛星。

◀木星の縞模様　木星面の上空には、秒速100m以上の風が吹き、東西方向に雲が流れ、縞模様ができます。東風と西風がすれちがうところでは、いくつも小さな渦巻ができているのもわかります。

木星の環

美しい土星の環はよく知られていますが、木星にもごく淡い環（矢印）があります。しかし、地球からは見ることができません。これは探査機が夜の側から逆光線で見た木星と環のようすです。

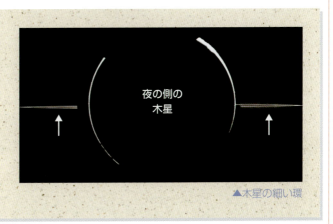

▲木星の細い環

木星の衛星たち

地球は衛星の月1個をつれているだけですが、木星は大小69個以上の衛星をつれています。まだ見つかっていない小さなものも含めると全部で100個くらいあるかもしれないというのですから驚きです。しかし、なんといっても興味深いのは、4個の大きなガリレオ衛星たちといえます。

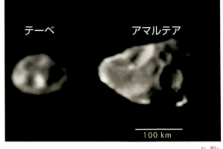

▲木星の小さな衛星たち　ガリレオ衛星以外は、すべて小惑星のようなじゃがいも形のミニ衛星たちばかりです。

◀木星とガリレオ衛星たち　左がエウロパで右側がイオです。巨大な木星のすぐ近くをまわるガリレオ衛星たちは、木星の強力な力でたえずゴムボールのように変形させられていて、内部が熱くなり、イオは火山が噴火し、エウロパの内部では、氷がとけ、海となっているらしく、生命の存在さえとりざたされています。

▲木星のガリレオ衛星たち　左から木星に近い順にならんでいます。このうち最大のガニメデの直径は5262kmもあり、惑星の水星よりも大きく、地球の衛星の月の1.5倍もある大衛星です。活火山のあるイオをのぞき、あとの3個の衛星には、凍りついた表面の下に海があるのではないかとみられています。とくにエウロパの海には生命さえあるかもしれないといわれています。

▲**噴火するイオ** 右はイオの全景で、左は噴火するようすです。イオは地球以外の天体ではじめて活動している火山の見つかった天体で、その表面は硫黄でおおわれています。噴煙の高さは、100km以上にも立ちのぼり、火口のさけ目から溶岩が流れだしたりしています。

▲**カリストの表面** 直径4800kmもあるカリストは、地球の月の1.3倍の大きさがある大きな衛星です。表面には直径3000kmもある天体が衝突した跡があります。

▲**エウロパの表面** すじ模様は、氷がわれたところで、内側にある赤みをおびた海水がしみだしてきたものと考えられています。氷の下の海へ入る探査機も計画されています。

土星

太陽からの距離:14億3000万km
公転周期:29.5年
自転周期:10時間40分
赤道直径:12万536km
衛星の数:65個

美しい環をもつ土星は、地球の直径の10倍もある大きな惑星です。しかし、この土星も木星と同じようにガス惑星なので、とても軽く、もし、土星の入るような巨大プールがあったら、その中で土星はプカプカ浮いてしまいます。

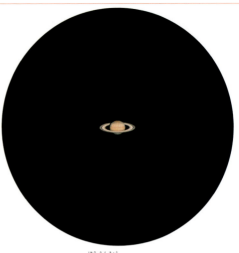

▲土星　小さな望遠鏡でも環をはっきり見ることができます。ぜひ、自分の目で、その神秘的な姿をたしかめてみてください。

◀土星の模様　木星の表面の縞模様と同じような雲の流れがありますが、木星のものほどにははっきりしていません。しかし、土星の赤道上では、秒速500mもの強い風が吹いています。

▲環が一直線になった土星　およそ15年ごとに、土星を真横から見るようになるため、土星の環がほとんど見えなくなってしまいます。土星の環は、幅は地球が5個もならべられるほど広いのに、厚さは100mもない、ものすごい薄さのものなのです。

太陽系ウォッチング

▲土星の姿　土星は10時間40分で自転しているので、木星と同じように赤道部分がふくらんだ楕円形をしています。土星の環は、A環からG環まで7種類の太い環や細い環で構成されていますが、おもに氷のかけらでできているA,B,Cの幅広い環は、太陽の光をよく反射して明るく見えます。また、A環とB環の間には、カッシーニのすき間という黒いすじがあります。

傾きが変わる環

環は毎年少しずつ傾きが変わっていき、15年ごとに真横になるように見えます。

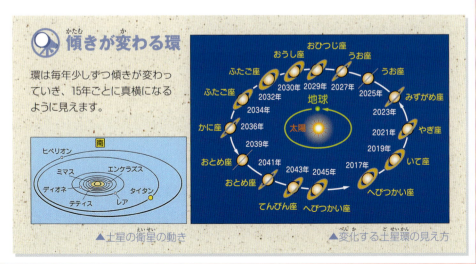

▲土星の衛星の動き　　　　　　▲変化する土星環の見え方

土星の環

美しい土星の環の正体は、無数の小さな氷のかけらやチリが集まって、細いすじのようになって土星のまわりをまわっているものです。板のように見えますが、実際には、10mくらいから数ミリ以下の小さなつぶつぶの集まりなのです。
土星と同じガス惑星の木星や天王星、海王星にも環がありますが、いずれも細く暗いので地球からは見えず、土星のものだけが、非常にはっきり見えます。

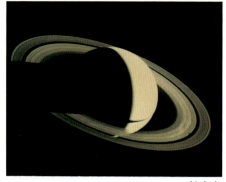

▲ふりかえって見た土星　ボイジャー探査機が、土星から遠ざかるとき、土星の裏側からふりかえって見た土星の姿です。

◀土星環の正体　無数の氷のかけらなどが、土星のまわりをめぐっているもので、平らな板のようなものが、とりまいているわけではありません。

▲土星環をさぐるカッシーニ探査機（想像図）
2004年7月に土星に到達したカッシーニ探査機は20年間も探査、土星の環の正体などを明らかにしてくれました。じつは、土星の環がどうしてできたのか、いつまでもあるものなのかなどのナゾは、まだよくわかっていないのです。

土星の衛星

土星をめぐる衛星は、見つかっているものだけでも65個あります。木星の衛星たちのように小さなものは、これからもまだ見つかることでしょう。

その土星の衛星の中で、一番大きいのがタイタンで、直径は5150kmもあり、これは惑星の水星より大きく、太陽系内では木星のガニメデに次いで二番目の大きさです。しかも、厚い大気をもち、生命の存在さえとりざたされているのです。

▲エンケラドゥスからの噴出　南極付近の氷のすき間から、水蒸気などのジェットが噴きだしており、地下に海があると見られ、生命の存在もうわさされています。

▲タイタンの世界をさぐるカッシーニ探査機のプローブ（想像図）　タイタンには、太陽系の衛星の中では一番濃い大気があり、地球が誕生して間もないころの環境によくにた、メタンの海や湖があるらしいこともわかりましたが、その海に原始生命は存在するのでしょうか。

天王星

太陽からの距離：28億7500万km
公転周期：84年
自転周期：17時間14分
赤道直径：5万1118km
表面温度：－210℃
衛星の数：27個

天王星の直径は、地球の4倍もあります。巨大な氷の大型惑星だからですが、なんといっても風変わりなのは、真横に倒れたままのかっこうで自転していることです。大昔、大きな天体に衝突されて横倒しになったのかもしれません。

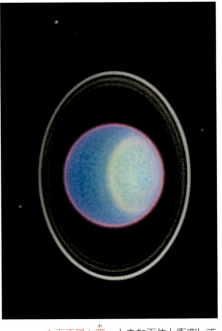

▲天王星と環 大きな天体と衝突して横倒しになったときに発生した大量のチリやガスで、環や衛星ができたものらしいといわれています。天王星は、厚いメタンの雲におおわれていて、表面に模様らしいものは見えません。しかも、ほとんどが氷でできており、水惑星といってもよい天体です。

▶天王星と海王星 2つがならんで見えているところです。天王星は6等星、海王星は8等星なので、肉眼では見えませんが、双眼鏡なら見えます。

🔭 発見された惑星たち

▲観測中のW・ハーシェル

太陽系の惑星のうち、水星、金星、火星、木星、土星は明るく肉眼で見えるので、大昔から知られていましたが、天王星は1781年にイギリスのハーシェルが、手作りの望遠鏡で発見、海王星は1845年にフランスのルベリエやイギリスのアダムスらが計算で位置を予測、ドイツのガルレによってその位置に発見されました。

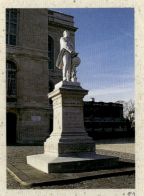

▲パリ天文台のルベリエの像

太陽系ウォッチング

海王星
かいおうせい

太陽からの距離:44億5044万km
公転周期:165年
自転周期:16時間07分
赤道直径:4万9534km
衛星の数:14個

太陽から8番目の軌道をまわる海王星も、天王星によくにた青みがかった色をしたガスにおおわれた大型の氷の惑星です。海王星にも木星や土星、天王星と同じように環がありますが、細く暗い環なので、望遠鏡で見ることはできません。

▲海王星と大暗斑　海王星の表面には、木星とにた縞模様があり、木星の大赤斑ににた、反時計まわりの大きな渦、大暗斑があります。

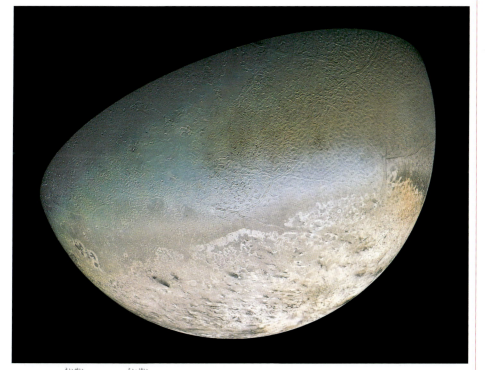

▲海王星の衛星トリトン　直径2700kmの大きな衛星トリトンは、海王星の自転と逆まわりでまわっています。これは、大昔、トリトンが海王星の近くを通りすぎたとき、海王星につかまえられた天体だからなのかもしれません。表面には、冷たい液体を噴きあげる氷火山もあります。

冥王星 準惑星

太陽からの距離：597億1512万km
公転周期：248年
自転周期：6日と9時間
赤道直径：2274km
表面温度：ー215℃
衛星の数：5個

太陽系の一番外側をまわる冥王星は、1930年にアメリカのローウェル天文台のトンボーによって、写真で発見されました。大きさは、地球の衛星の月より小さく、その3分の2しかありません。それで惑星ではなく太陽系外縁天体の仲間といわれています。

▲冥王星と衛星カロン　冥王星は、自分の半分もある衛星カロンをつれていて、6.4日の周期でめぐりあっています。また、このカロンのほかに4個の小さな衛星もつれています。

▶冥王星　氷でおおわれた表面には明るいところと、暗いところがあって、ハート模様のような平原が見えています。

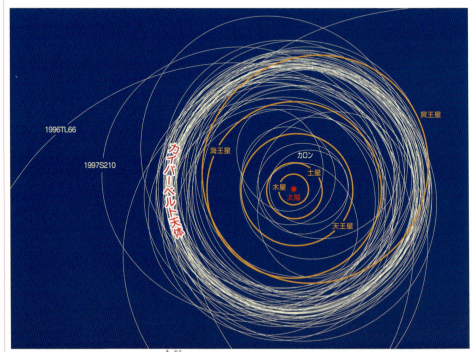

▲冥王星と太陽系外縁天体たちの軌道　海王星の外側には、小さな天体たちがたくさんまわっています。じつは、冥王星もその中をまわる、とくに大きなものの1つらしいのです。これらの天体がまわる領域は"カイパーベルト（帯）"ともよんでいます。

エリス

(準惑星・冥王星型天体)
公転周期:557.44年
直径:2400km
衛星数:1個
(このほかの準惑星として
ハウメア、マケマケなどが
あります)

海王星の外側には、火星と木星の間にある小惑星帯のように、無数の小天体たちがまわっています。そんな天体たちが、太陽系のはずれのあたりにあることを予言した、アメリカのG・カイパー博士の名前をとって"カイパーベルト(帯)"とか"太陽系外縁天体"とよんでいます。

▲カイパーベルト天体　ほとんどのカイパーベルト天体が、100kmから2000kmくらいの大きさですが、現在、およそ3000個くらい見つかっています。なお、もう1人の予言した人の名前をくわえて、エッジワース・カイパーベルトとよばれることもあります。

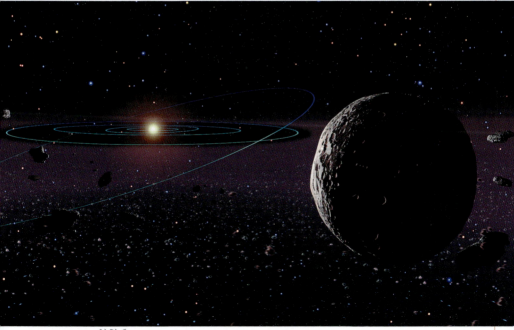

▲太陽系外縁(想像図)　エリスとよばれる天体は、直径が2400kmをこえるほどあり、557年の周期でめぐっています。火星と木星の間の小惑星帯の準惑星ケレスが939kmですから、それより大きいことになります。カイパーベルト天体たちの発見は、今もつづいています。

流星

（ペルセウス座流星群のデータ）
極大日：8月12～13日
輻射点：赤経48°　赤緯57°
母彗星：スイフト・タットル
発光高度：114km
速さ：秒速58.6km

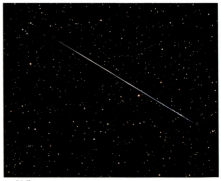
▲散在流星　気まぐれに星座の間を飛ぶ流れ星を散在流星といい、1時間に1、2個くらいのわりで目にすることができます。

太陽系で目をひく天体といえば、地球のような惑星や、月のような衛星たちですが、太陽系の家族は、それだけでなりたっているというわけではありません。長い尾をひいてあらわれる彗星、夜空に一瞬光る流星など、チリと思えるほどの微小天体たちもみんな太陽系を構成する仲間なのです。

そんな中で私たちの目をひくのは、やはり流れ星でしょう。太陽系内をただよう小さなチリが、猛スピードで、地球大気の中に飛びこんできて発光する流星を目にするのは、ドラマチックなものです。

▲みんなで流星の観測を楽しもう

流星群の名前	活動する期間	極大日
しぶんぎ座流星群	1月初め～1月7日	1月4日
4月こと座流星群	4月16日～4月25日	4月22日ごろ
みずがめ座エータ流星群	5月初め～5月10日	5月5日ごろ
みずがめ座デルタ流星群	7月中旬～8月中旬	7月下旬
ペルセウス座流星群	7月25日～8月23日	8月12～13日ごろ
オリオン座流星群	10月17日～10月26日	10月21～22日ごろ
おうし座南北流星群	10月20日～11月25日	11月中
しし座流星群	11月14日～11月20日	11月19日ごろ
ふたご座流星群	12月7日～12月18日	12月13～14日ごろ
こぐま座流星群	12月19日～12月24日	12月22日ごろ

▲流星群　毎年きまったころたくさんの流星が出現するのが流星群です。夏休みのころ出現するペルセウス座流星群などは、1時間に50個ちかい流れ星が見られることさえあります。流星をたくさん見たかったら、上の表のような流星群の出現するときが、チャンスといえます。

▲ペルセウス座流星群　毎年夏休みの8月12日〜13日ごろをピークに、活発な出現を見せてくれるペルセウス座流星群は、右の図のようにスイフト・タットル彗星が軌道上に残していったチリの群れと地球が出あうとき、流星群となって見られるものです。

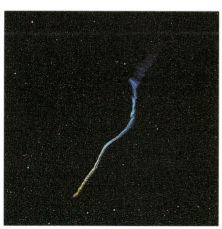

▲流星痕　明るい流れ星が飛んだあと、煙のような跡が残ることがあります。数十分間もただよって見えるような痕もあります。

▲人工衛星の落下　高度が下がって大気圏に突入した人工衛星は、大きな流れ星のようになって、燃えあがるように見えることがあります。

流星雨

彗星がその軌道上にまきちらしていったチリの大群の中に地球が入りこむと、たくさんの流れ星が雨のようにふりそそぐ"流星雨"となって見られることがまれにあります。しし座流星雨が、その代表的な例です。

▲テンペル・タットル彗星

▲1833年のしし座流星雨

▲しし座流星雨　これは2001年11月19日の未明、日本で見られたときのようすです。この流星雨を出現させるのは、周期33年でめぐるテンペル・タットル彗星で、およそ33年ごとにしし座流星雨が見られることになります。ふだんの年は、1時間に10個くらいしか飛びません。

太陽系ウォッチング

隕石(いんせき)

大流星（火球ともいいます）が、大気中で燃えつきないで、地上に落ちてきたものが隕石です。隕石には石でできた石質隕石と鉄でできた隕鉄、石と鉄がまざりあった石鉄隕石の、3つのタイプに大別されます。彗星のチリが光ってすぐ消えるふつうの流れ星とちがい、隕石は、小惑星のかけらが地球に飛んできたものと考えられています。

（この写真は実物の3分の1大です。）

▲白萩隕鉄　1890年富山県の山奥の渓谷で発見された、2個の隕鉄のうちの1つです。重さは2つで33.6kg。

（この写真は実物大です。）

◀広島隕石　2003年2月、工場の屋根を突き破って落ちてきた石質隕石で、表面が黒く焼けているのがわかります。重さ414g。

隕石孔(いんせきこう)

燃えつきないで地上に落ちてきた隕石のうち、巨大なものはクレーター、"隕石孔"をつくることがあります。大昔、地球に衝突してきた大きな隕石がつくった隕石孔が、地球上に現在180くらい見つかっています。6500万年前、恐竜を絶滅させたのは、10km大の隕石落下だったともいわれています。

▲アリゾナ（アメリカ）の隕石孔（直径1.2km）

彗星 (太陽系小天体)

(ハレー彗星のデータ)
周期：76.0年
大きさ：7×7×15km
尾の長さ：1万2000km
次回出現：2061年

夜空に長い尾をひいてあらわれる彗星ほど、神秘的で魅力的な天体はありません。彗星の中には、ある周期で太陽系内をめぐっている周期彗星のほか、新たに発見され、たった1度しか私たちの前に姿をあらわさない新彗星もあります。そんな宇宙の旅人のような、明るい彗星出現のニュースが耳に入ったら、さっそく観測するようにしましょう。

▲ベネット彗星　1970年春、夜明け前の東の空に0等星くらいで見えたすばらしい彗星です。明るくカーブした尾が印象的でした。

▲尾のほとんどない小彗星

◀ウエスト彗星　1976年春、夜明け前の東の空に見えた大彗星で、頭部の核が分裂して、内部から大量のチリが出たため、こんな幅の広い尾となって見えました。彗星の中には、上の写真のように淡く尾のほとんどないものが多く、ウエスト彗星のようなものはめったに出現しません。

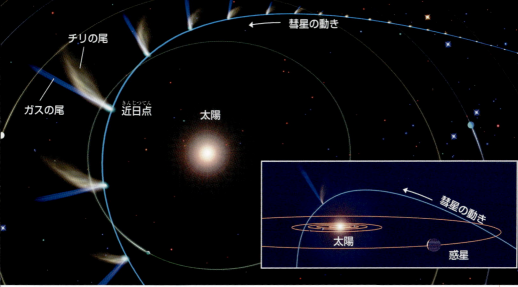

▲**彗星の軌道** 彗星は汚れた雪玉のような天体なので、太陽に近づくほど蒸発がはげしくなり、大きく明るくなって尾ものびてきます。このとき245ページのように太陽から吹きつける太陽風のため、尾はいつも太陽と反対方向にのびることになります。その尾はまっすぐのびるガスの青い尾と、ゆるくカーブしたチリの尾の2本の尾にわかれてのびます。

▲**ハレー彗星** 周期76年でめぐるハレー彗星は、一番有名な周期彗星で、これは1986年のときの姿です。次回は2061年夏に帰ってきます。

▶**百武彗星** 1996年鹿児島県の百武裕司さんが発見した大彗星で、地球に接近しました。

彗星の正体

彗星の尾は、長さが数千万km以上にのびるものもあります。しかし、彗星の本体の"核"は、大きさが10km前後のものが多く、見かけのわりに天体としては非常に小さなものです。しかも、汚れた雪玉のようにもろくて、くずれやすい天体というのが、その正体なのです。

▲彗星探査機の活躍　彗星の核には生命のもとになるようなものが、含まれているかもしれません。探査機が調査にむかいます。

▲ハレー彗星の核　探査機が接近して写したものです。たて約15km、横約8kmの真っ黒なじゃがいものような形をしています。

▲ボレリー彗星の核　この周期彗星も、左のハレー彗星の核とにて、ピーナッツのからのような形をしているのがわかります。

彗星のふるさと

彗星たちは、どこからやってくるのでしょうか。周期の短めのものは、海王星の外側のカイパーベルトあたりから太陽にひきよせられ、それよりはるかに長いものは、太陽と冥王星の距離の1000倍も遠いところにある"オールトの雲"からやってくるのではないかといわれています。オールトの雲は、太陽系を丸くつつむような小天体の集まりです。

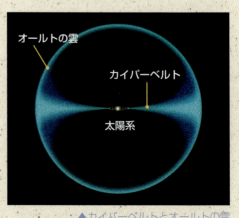

▲カイパーベルトとオールトの雲

衝突する彗星

彗星の軌道は、じつにさまざまです。そのため、中には惑星の軌道を横切って衝突しないともかぎりません。

事実、1994年に木星にシューメーカー・レビー第9彗星が衝突して人びとを驚かせました。もちろん、過去に地球にぶつかった彗星もあるでしょうし、将来、衝突してくるものもあるかもしれません。

▲シューメーカー・レビー第9彗星の衝突痕

▲こわれるリニア彗星　汚れた雪玉のような彗星の本体 "核" は、とてもこわれやすく、太陽に近づいて分裂するものもあります。

▲木星に衝突したシューメーカー・レビー第9彗星　木星の近くを通りすぎたこの彗星は、木星の強い引力で、21個もの破片に分裂させられてしまいました。そして上の写真のように1列にならんで、つぎつぎに木星にぶつかっていき、巨大な衝突の跡を木星面に作りました。破片の大きさは、1kmぐらいのごく小さなものだったのに地球の3倍くらいもある大きな衝突痕ができるのですから、天体の衝突のエネルギーはすごいものですね。

地球に衝突した彗星？

1908年6月30日、シベリアのツングース地方の上空で大爆発が起こりました。これは小さな彗星の破片が衝突したためではないかといわれています。右の写真はそのとき破壊された森林のようすです。小天体とはいっても、衝突のエネルギーはものすごく大きく、直径10kmの天体の衝突のため、今から6500万年前、恐竜たちは絶滅してしまったらしいといわれています。現在は、そんな天体がないか、監視をつづけている天文台もありますが、当分の間、そんな心配はなさそうです。

▲破壊されたツングースの森

人工衛星

ハッブル宇宙望遠鏡：高さ600km
国際宇宙ステーション：高さ400km
静止軌道：高さ3万6000km
速度：秒速約8km

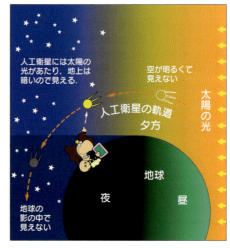

▲人工衛星が見えるわけ　地上が暗く、上空の人工衛星に太陽の光があたっているとき見えやすくなります。宵のころや夜明け前のころ、人工衛星が見えやすいのはそのためなのです。

星空を見あげていると、音もなく飛んでいく光点を目にすることがあります。たいていは人工衛星です。

人工衛星は、太陽の光を反射して見えているものなので、地球の影の中に入ると消えて見えなくなります。肉眼で見える人工衛星は、じつにたくさんあります。

▲動いていく人工衛星　飛行機の明かりは、チカチカ明滅しますが、人工衛星は星のように光り、スーッと星空を動いていきます。中には急に明るくなったり変光するものもあります。

▲スペースシャトルの光跡　日本人宇宙飛行士たちを乗せて飛行する人工衛星もあります。人工衛星の飛んでくる時刻や見える方向の情報はインターネットなどで得られます。

▲**国際宇宙ステーション** 人間が長期間滞在できる人工衛星が"宇宙ステーション"です。現在、日本をはじめ、アメリカ、ロシア、フランスなど世界の国ぐにが協力して建設中ですが、将来は、こんな宇宙ステーションが、いくつもできることでしょう。

 ## 生活に役立つ人工衛星たちの活躍

気象衛星や放送衛星、通信衛星、ときにはスパイ衛星のようなものまで含めて、じつに数多くの人工衛星が地球のまわりをまわっていて、今では、人工衛星なしの私たちの生活は考えられません。

◀**放送衛星** 赤道上空3万6000kmのところに静止して見えています。

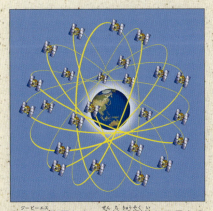

▲**GPS衛星たち** 全地球測位システムの人工衛星たちのおかげで、たとえばカーナビなどで、正確な位置や時刻をすぐ知ることができるのです。

オーロラ

出現する高さ：100～1000km
見られる緯度：60°～90°（極）
見やすい場所：アラスカ、カナダ、
　　　　　　　北欧など
色：白、赤、緑

日本では見られませんが、北極圏に近いアラスカやカナダ、北欧などでは、美しいオーロラが夜空に乱舞するすばらしい光景を目にすることができます。
オーロラは明るく、肉眼でもよく見えるので1度はぜひ見てほしい自然現象ですが、旅行会社の企画するオーロラツアーに参加するのがよいでしょう。

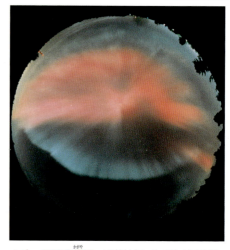

▲オーロラの輝き　これはフィンランドで見たオーロラのようすです。空全体にあらわれ激しく動いたり消えたりするようすは、すばらしいものです。ただし、オーロラの輝きがごく淡いこともよくありますので、いつもこんなすばらしいオーロラが見られるとはかぎりません。

▲カナダで見たオーロラ　静かに夜空にかかるもの、爆発するように激しく降りそそぐように見えるもの、オーロラの姿はまさに千変万化といっていいほどのものです。

▲オーロラと彗星　1997年に出現したヘール・ボップ彗星がオーロラとともに見えています。オーロラがあらわれるのも、彗星の尾がのびるのも、太陽から吹きつける電気をおびた粒"太陽風"と関係があります。太陽の活動が活発なころや、太陽面にフレア爆発が起こったりするとよく見えます。

▶南半球のオーロラ　これはニュージーランドで見たオーロラのようすです。太陽の活動が活発なころ、オーストラリアやニュージーランドでも目にすることがあります。日本でも北海道のあたりで北の空が赤くそまって、まれにオーロラが見られることがあります。

天体望遠鏡

天体望遠鏡があると、肉眼だけで星空をながめているときより、星空をながめる楽しさがはるかに大きくなってきます。ぜひ1台用意したいところです。
天体望遠鏡にはいろいろな種類がありますが、大きく分けて屈折望遠鏡と反射望遠鏡、シュミット・カセグレンの3つのタイプが代表的なものです。
どんな望遠鏡にするか、情報を集め機種選びも大いに楽しむことにしましょう。

▲望遠鏡の機種選び　メーカーのカタログや天文雑誌の記事、望遠鏡光学品ショップの広告、インターネットなどで資料を集め検討します。実際に使っている人、望遠鏡にくわしい人の意見もとても参考になります。

▲スター・ウォッチングを楽しもう　天体望遠鏡でさまざまな天体をのぞき見ると、その天体に倍率分接近したことになり、ちょっとした宇宙旅行気分が味わえることになります。1人でも、多ぜいの人たちとでも、星空散歩の楽しみが味わえるのが、天体望遠鏡の楽しみなところです。

屈折望遠鏡

天体望遠鏡として一番よく目にするのが、対物レンズで集めた光を接眼レンズで大きく拡大して見る"屈折望遠鏡"です。天体望遠鏡メーカーのカタログや望遠鏡ショップに展示されている、レンズの大きさ"口径"が6～10cmクラスのものは、たいてい屈折望遠鏡といっていいでしょう。口径が10cmをこえるようにな

▲屈折望遠鏡

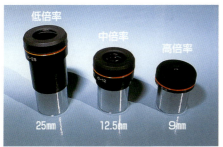

▲接眼レンズ　望遠鏡の倍率は、焦点距離の短いレンズを使うほど高くなります。低倍率、中倍率、高倍率の得られる接眼レンズ（アイピースともいいます）3本くらい用意すればいいでしょう。倍率の計算式は300ページの表の下にあります。

ると鏡筒やそれをささえる架台も大きく重くなり高価になってしまいます。屈折望遠鏡は、丈夫なうえにレンズなどの調整の必要もほとんどなく、取り扱いが簡単なので、初心者には使いやすいものといえます。

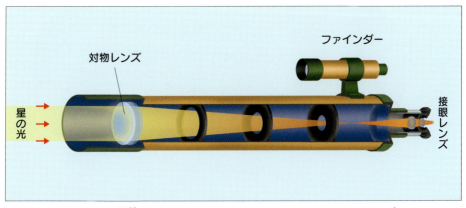

▲屈折望遠鏡のしくみ　筒先に取りつけられている対物レンズで天体からの光を集め、接眼部に取りつけた接眼レンズで拡大して見ます。接眼レンズを取りかえると倍率が変えられます。ピント合わせは、接眼部を出し入れしながら、接眼レンズごとに合わせなおします。

反射望遠鏡

反射凹面鏡で集めた光を大きく拡大して見るのが、反射望遠鏡です。反射望遠鏡には、じつにさまざまな形式のものが考えだされていますが、そのうち、最も扱いやすくポピュラーなものは、口径が20cmくらいのニュートン式の反射望遠鏡とよばれるものです。これは光路の途中に斜鏡とよばれる平面鏡をおき、主鏡の凹面鏡で反射して集められた光を直角に曲げて筒の外に取りだし、接眼レンズで拡大して見るものです。接眼部が鏡筒の筒口に近いところにあり、横からのぞくようになるため、とても楽な姿勢で見られます。ただ298ページにある赤道儀式の場合は、星空の方向によっては見えに

▲ニュートン式反射望遠鏡

くい位置にくることもあり、赤道儀式の架台のものは、筒が自由に回転できるようになっています。反射望遠鏡は、鏡面のよごれや、光軸合わせなどのチェックで、屈折望遠鏡よりは少し手がかかります。

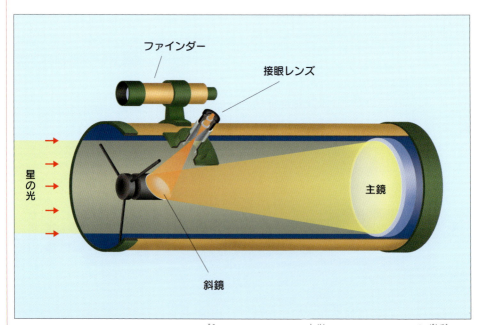

▲ニュートン式反射望遠鏡のしくみ　筒の底においた凹面鏡（主鏡といいます）で集めた天体の光を拡大して見るもので、ニュートン式反射望遠鏡が、市販されているものでは一般的なものです。反射望遠鏡は、屈折望遠鏡より大きい口径のものが安価で手に入ります。

太陽系ウォッチング

シュミット・カセグレン

ニュートン式の反射望遠鏡ににていますが、筒口に補正レンズ（補正板ともいいます）をつけ、主鏡で集めた光を副鏡で反射させ、筒の後方にみちびき、接眼レンズで拡大して見るものです。特徴は、口径が大きいわりに鏡筒がとても短く、持ち運びや移動が簡単で扱いやすい点にあります。

天体望遠鏡には、口径が大きいものほど天体の像をより明るく細かい部分まで観察できるという性質がありますので、シュミット・カセグレン式の望遠鏡は、ベランダなどせまい場所でも大きな口径のものが使えるという点などで、とくに都会の天文ファンの人たちに人気があります。

▲シュミット・カセグレンの補正板（矢印）

もちろん、車に入れて夜空の暗い場所への移動も楽にできます。口径は20〜30cmクラスのものが一般的ですが、この種の望遠鏡ににたタイプのものが、このほかにもいろいろ市販されています。

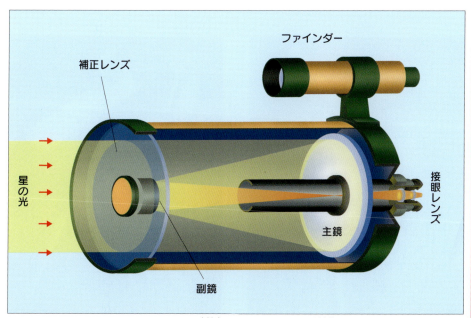

▲シュミット・カセグレンのしくみ　大きな特徴は、鏡筒の長さが焦点距離の4分の1くらいと短く、口径の大きいわりに、コンパクトでずんぐりむっくりな印象の望遠鏡となっています。補正レンズの中心部は凸レンズ状、周辺部は凹レンズ状になっています。

天体望遠鏡の架台

天体望遠鏡の倍率は、60倍とか120倍ととても高いものです。天体を見るとき、少しでも望遠鏡がゆれると天体の像がブレて鮮明に見えなくなってしまいます。天体望遠鏡の鏡筒をささえる"架台"は、しっかりした丈夫なものを選ぶようにしなければなりません。

その架台のうち、一番簡単なものは、"経緯台式"とよばれるものです。微動ハンドルのうち、1つを上下方向に、もう1つを水平（左右）方向に操作しながら、日周運動で動いていく天体を視野の中央にみちびくようにするものです。値段が安いのがよい点といえます。

もう1つの架台は"赤道儀式"とよばれるものです。極軸を"天の北極"の方向

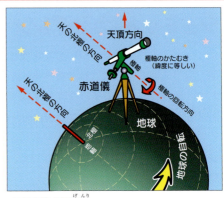
▲赤道儀式の原理

へ正しく向けると、赤経ハンドル1つを動かすだけで、日周運動で動いていく天体を望遠鏡の視野の中央にとらえ続けることができ、経緯台式の架台よりはるかに楽になります。予算が許せば、自動的に星が追尾できるモーター付きの赤道儀式架台がおすすめといえます。

▲経緯台式の架台　とても扱いが簡単です。上下と水平の動きを手動のハンドルでなくモーターで微調整できるものもあります。

▲赤道儀式の架台　上の図のように極軸を必ず天の北極方向に向けて使います。そうすると、星の日周運動どおりに追尾してくれます。

自動導入の架台

明るい月や惑星、恒星を望遠鏡の視野の中にとらえることは、鏡筒に取りつけられているファインダーを使えば、誰でも簡単にできます。もちろんファインダーと望遠鏡本体の光軸が平行になるよう、昼間の遠い景色で調整しておくようにしなければなりません。しかし、肉眼で見えない星雲や星団などをファインダーでさがしながら望遠鏡の視野内にみちびくのは、ちょっとやっかいです。星図などで天体の位置を確認しながら根気よくさがせばできますが、天体を自動的にとらえてくれる"自動導入"の架台なら、見たい天体を指示するだけで視野の中にとらえてくれるので、とても便利です。

自動導入の架台には、経緯台式のものも赤道儀式のものもありますので、望遠鏡のカタログや望遠鏡ショップに展示されている実物を見て選ぶようにしてください。人工衛星のGPS（291ページ）などを

▲パソコンに接続　天体の自動導入のための支援ソフトも、たくさん発売されています。望遠鏡ショップなどで相談に応じてくれます。

使って望遠鏡の位置や時刻など、すべて自動的に設定してくれるものは、じつに便利なものですが、それでも使い方に早くなれるようにしなければなりません。

▲ハンドコントローラーで指示　おさめられているデータから、見たい天体名などを選んで表示して指令を送ります。その手順に早くなれるようにしましょう。

▲視野内に天体が自動的に入る　指令を受けると望遠鏡自身が自動的に目標天体の方へ向かって動きだし、視野内にとらえてくれます。あとは望遠鏡をのぞくだけです。

天体望遠鏡の性能

天体望遠鏡といえば、誰でも最初に気になるのは"倍率"のことでしょう。高い倍率ほど天体の像をより大きく拡大して見ることができそうな気にさせられるからです。しかし、むやみに高すぎる倍率をほしがるのは考えものなのです。

天体望遠鏡には、対物レンズや反射主鏡の口径によって、性能がきまるという性質があって倍率の高低ではきまらないからです。つまり、小さな口径の望遠鏡でむやみに倍率を高くしても、天体の像は暗くなりボヤけてきてかえって見にくくなるからです。倍率は接眼レンズの焦点距離の短いものを使えば、いつでも高くできるものですから、望遠鏡選びでは、倍率のことは気にせず、自分の体力にあった使い勝手のよい大きさの口径のものを選ぶことからはじめてください。

望遠鏡のカタログや性能表を見ると、"分解能"ということばに気づくことでしょ

▲分解能のちがい　望遠鏡の口径が大きくなるほど、天体の細かい部分がわかるようになってきます。

う。これは文字どおり、ごく接近した2つの点を見わけられる能力のことで、角度の秒（"）であらわします。つまり、月面や惑星、二重星などの天体のどこまで細かく見わけられるかを示したものです。この分解能は、口径が大きいほどその能力が向上するという性質があります。また、天体からの光を集める能力"集光力"も当然口径が大きいものほどよくなり、天体の像をより明るく見ることができるようになります。このように天体望遠鏡の性能は、すべて口径の大小できまりますので、望遠鏡選びのとき倍率の高低を気にすることはありません。

口径	集光力（肉眼が1）	分解能	見える極限等級	適した倍率の目やす	
				有効最低倍率	有効最高倍率
3 cm	18 倍	3".87	9.5〜9.1 等	4 倍	30 倍
5	51	2.32	10.6〜10.3	7	50
6	73	1.93	11.0〜10.7	9	60
8	131	1.45	11.6〜11.3	11	80
10	204	1.16	12.1〜11.8	14	100
12	293	0.97	12.5〜12.2	17	120
15	460	0.77	13.0〜12.7	21	150
20	820	0.58	13.6〜13.3	29	200
25	1300	0.47	14.1〜13.8	36	250
30	1840	0.39	14.5〜14.2	43	300

▲天体望遠鏡の性能表（天体望遠鏡の倍率＝対物レンズの焦点距離÷接眼レンズの焦点距離）

天体望遠鏡の見方

経緯台式にしろ赤道儀式にしろ、自動導入の架台にしろ、天体を視野に入れるためには、説明書をよく読んで、その天体望遠鏡の使い方に早くなれるようにすることが大切です。

使いなれることと同じように大切なことは、望遠鏡をのぞきなれるということもまた大切です。同じ天体をのぞいて見ても、見なれた人とそうでない人は見え方に大きなちがいが出てくるからです。見なれた人には、はっきりわかるのに、なれていない人にはよくわからないなどということがよくあるからです。

見え方に大きく影響するものに、空の透明度と空気のゆらぎがあります。透明度がよいほど淡い天体の見え方はよくなり

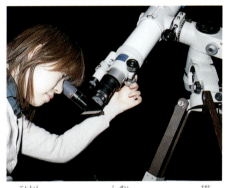
▲天頂プリズム　楽な姿勢で見ると天体の姿がよく見えます。ゆったりおちついた姿勢でじっくり見るようにしましょう。

ます。空気のゆらぎがあると、水の流れの中の小石を見るように詳しいようすがわかりません。空気のおちついた晩に見るようにしましょう。これらの見え方のことをシーイングといっています。

光軸を合わせよう

屈折望遠鏡ではほとんど必要ありませんが、反射望遠鏡は、ときどき主鏡とその光を筒の外に取りだすための平面鏡などの光軸が、きちんと一直線になっているかどうかチェックしてみてください。もし、ずれていたら説明書にしたがって調整しなおすようにします。下の図はニュートン式の調整のしかたで、接眼レンズをはずし接眼筒の穴からのぞいてみて、主鏡や平面鏡を微調整し光軸を合わせます。

▲ニュートン式反射望遠鏡の光軸合わせの手順

手作り天体望遠鏡

メーカー製の天体望遠鏡を手に入れるのもいいのですが、手作りすることもできますので、ここで紹介する口径15cmから20cmクラスの"ドブソニアン"とよばれる反射望遠鏡を一度手作りしてみることを、おすすめしておきましょう。

ドブソニアンとは、アメリカのアマチュア天文家J.ドブソンさんが考案したところから、こんな名前でよばれているものですが、身近にある材料をあれこれ利用し、工夫してとても手軽に大きな口径の天体望遠鏡が作れるのが魅力的といえます。

ドブソニアンに使う主鏡や斜鏡、接眼レンズも自分で作ることもできますが、初めての人にはむずかしいので、これらは望遠鏡メーカーや望遠鏡ショップで手に入れるのがいいでしょう。架台の部分は

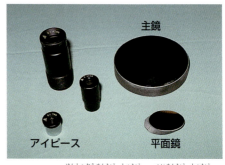

▲光学部品 反射凹面鏡（主鏡）や平面鏡（斜鏡）、接眼レンズ（アイピース）などは、望遠鏡メーカーや望遠鏡ショップで買うことができます。

ホームセンターなどで、各部品になりそうなものを手に入れてくるのでもいいかもしれません。303ページの図は、ドブソニアンの作例の1つで、これを見れば、どんなものが利用できるかのヒントを得られるはずです。自分だけのオリジナルな天体望遠鏡を手作りして、天体を見るのはとても楽しいものです。

▲口径40cmの手作りドブソニアンの作例　工夫しだいでこんな大きな口径のものでも、安あがりに手作りすることができます。

▲口径20cmドブソニアンの作例　303ページにあるドブソニアンの完成したものです。楽しいデザインに仕上げましょう。

太陽系ウォッチング

☆20cmドブソニアン望遠鏡の作例

★ベニヤ板を切断するには歯の薄い「レーザーソーなど」を使うときれいに仕上がる

ドブソニアン望遠鏡はバランスとすべり具合を良くすることが使いやすさのポイント

〔ファインダー〕

〔接眼部〕
水道配管用の塩ビの部品
塩ビのパイプ
接眼レンズ

〔斜鏡〕
強力な接着剤で貼る

〔斜鏡支持具〕
傾きを変えて光軸を合わせられるようにする

〔主鏡ボックス〕
内側に黒のつや消し塗料をぬる

ラワン材のような丈夫なもの

木ネジ

上下に動く

〔主鏡〕

〔耳軸〕
回転がスムーズになるように「敷居すべり」などを貼る

〔回転軸〕
ボルト・ナット

〔フォーク回転台〕
ベニヤ板

回転をスムーズにするために水平回転台に「敷居すべり」、フォーク回転台の底に「ステンレスの薄板」などを貼る

〔水平回転台〕
ベニヤ板

水平に動く

天体写真

星空を写すからといって、なにもとくべつなカメラが必要というわけでもありません。ふだん風景や人物を写すときに使っている、ごくふつうのカメラがそのまま使えるのです。

ただし、夜空を写すのですから、シャッターを開けたままにして、長時間露出できる機能を持ったカメラが好都合です。デジタルカメラの場合などでは、B（バルブ）かT（タイム）の目盛りが、シャッタースピードに付いているかどうかをたしかめておきましょう。

▲夏の天の川　カメラを三脚に固定して、30秒間ほど露出して写したものです。レンズの絞りはF2.8、感度の設定はISO800で写してあります。

●カメラを固定して写す

風景や人物を写すときには、露出時間が短いのでカメラを手で持っただけでも写すことができましたが、星座を写す場合には、シャッターを数十秒間くらいは開けておかなければならないので、手で持ったままではカメラがブレて写せません。カメラが露出中に動かないように、三脚などにしっかり固定する必要があります。カメラ用の三脚があると星空のさまざまな方向に向けることができる点でも便利です。もし、三脚がなければ、しっかりした台の上などにカメラを固定して写すこともできます。

こうして写す準備ができたら、星像を拡大してピントを合わせ、絞りをF2.8とか

▲カメラをしっかり固定　がっちりしたものにカメラをのせ、手でしっかり押さえるくらいでも、短時間露出なら写せます。

▲三脚にカメラを固定　シャッターをレリーズでそっと押すと、カメラブレをふせぐことができます。

▲星の日周運動　オリオン座が西へしずむようすを、10分間露出で写したものです。露出を長くすると、星の光跡も長くのびて写ります。地上の景色も、ほどよく入れた構図にしましょう。

▲街の中で写したオリオン座　夜空の明るい場所では、露出時間を短くします。これは感度をISO100に設定、レンズの絞りをF2.8にして、10秒間露出で写したものです。

F3.5などの明るい状態にしてシャッターを切ります。露出時間は写す目的によって変えます。目で見たとおり星座の星を点像に写したいときには、30秒から長くても1分間どまりぐらいでシャッターを閉じます。星座の日周運動のようすを写したいときには、15分間とか30分間の長時間露出にします。

モータードライブ付きの赤道儀があるときには、鏡筒にカメラを固定し、星の動きに合わせてガイド撮影すれば、露出時間を長くしても星は点像に写ります。

▲小型赤道儀　星座写真専用の小型赤道儀で、モータードライブ付きですから、露出時間を長くしても星は点像に写ってくれます。

▲ヘール・ボップ彗星(1997年)　星座ばかりでなく、明るい彗星や流れ星なども、固定カメラで写すことができます。

月と惑星の撮影

天体望遠鏡に携帯のカメラやデジタルカメラを取り付けると、月や惑星の姿を写すことができます。このとき望遠鏡とカメラは右の図のようにして取り付けますが、直接焦点と拡大投影法で写す場合は、望遠鏡メーカーや、望遠鏡ショップでカメラアダプターを手に入れてください。コリメート方式は、ふつうレンズのはずせないカメラの場合の写し方で、三脚などに固定したカメラで望遠鏡をのぞかせて写すことになります。コリメート方式では、写し方は、カメラ側のレンズの絞りやピント合わせに関係ないので、レンズの絞りは開放の状態にし距離目盛りは∞マークにして固定しておきます。あとはシャッタースピードをどれくらいにするかですが、露出時間の目やすは、下の表のようになります。オートで測光できるカメラなら表示されたデータどおりのシャッタースピードで写せばいいでしょ

▲天体望遠鏡での写し方の例　直接焦点と拡大投影法で写すときは、接続するためのカメラアダプターが必要になります。

う。デジタルカメラの場合は、モニターを見ながらピント合わせができるほか、たとえ露出がうまくいかなくても、すぐ

天体	F	5.6	8	11	16
月	三日月	1/30秒	1/15秒	1/8秒	1/4秒
	半月	1/125	1/60	1/30	1/15
	満月	1/500	1/250	1/125	1/60
惑星	合成F	32	45	64	90
	金星	1/250秒	1/125秒	1/60秒	1/30秒
	火星	1/15	1/8	1/4	1/2
	木星	1/4	1/2	1	2
	土星	1	2	4	8

▲月と惑星の露出時間の目やす　感度ISO100の場合です。合成Fは接眼レンズで像を拡大したときのF値です。

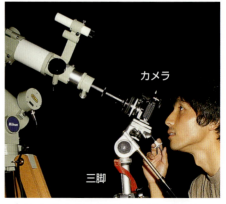

▲コリメート方式での写し方の例　人間が目でのぞくかわりに、カメラに接眼レンズのところからのぞかせて写す方法です。

▲デジタルカメラで写した土星　画面を消去してすぐ写しなおしができるデジタルカメラは、露出時間のきめにくい惑星などに便利です。

▲月面の拡大　コリメート方式は、望遠鏡とカメラがふつう離れているので、カメラブレの心配などがなく小望遠鏡で写しやすい方法です。

消去して写しなおしができるのでとても便利といえます。月や惑星の撮影には、フィルムを使う以前のカメラよりずっと適しているといえます。

なお、焦点上にできる月の像は、望遠鏡の焦点距離のおよそ100分の1の大きさになります。焦点距離1000mmの場合は、約1cmの像になるわけです。小さいと思うかもしれませんが、これでもクレーターなどはよく写ってくれます。

ビデオカメラで写そう

家庭用のビデオカメラでも、月や明るい惑星を写すことができます。写し方は簡単でビデオカメラに望遠鏡をのぞかせ、モニター画面を見ながら、ピントを合わせたり望遠鏡を動かしたりします。その場で像を見ながら写せるので、月などの明るい天体はとても簡単にとらえられます。

▲ビデオカメラにのぞかせる

▲モニター画面で確認

公開天文台

大きな望遠鏡をもつ公開天文台は全国各地にあります。天体望遠鏡をもっていない人も、これらの天文台を利用すれば、大きな望遠鏡で天体を楽しむことができ、しかも、専門家の解説も聞くことができます。プラネタリウムのある天文台もありますし、宿泊設備のととのったところでは泊まりこみで星を見ることもできます。

▲公開天文台で観望会（群馬県立ぐんま天文台）

名称	所在地	電話	望遠鏡	プラネタリウム※
旭川市科学館サイパル	北海道旭川市	0166-31-3186	65cm反	Z18m
札幌市青少年科学館	北海道札幌市	011-892-5001	60cm反	G18m
仙台市天文台	宮城県仙台市	022-391-1300	130cm反	G25m
郡山市ふれあい科学館スペースパーク	福島県郡山市	024-936-0201		G23m
群馬県立ぐんま天文台	群馬県高山村	0279-70-5300	150cm反	
国立科学博物館	東京都台東区	03-5777-8600	20cm屈	
国立天文台	東京都三鷹市	0422-34-3600	50cm反	
コニカミノルタプラネタリウム"満天"	東京都豊島区	03-3989-3546		M17m
はまぎんこども宇宙科学館	神奈川県横浜市	045-832-1166		G23m
胎内自然天文館	新潟県胎内市	0254-48-0150	60cm反	
富山市天文台	富山県富山市	076-434-9098	100cm反	
名古屋市科学館	愛知県名古屋市	052-201-4486	80cm反	Z35m
岐阜市科学館	岐阜県岐阜市	058-272-1333	50cm反	M20m
大阪市立科学館	大阪府大阪市	06-6444-5656	50cm反	M26.5m
紀美野町立みさと天文台	和歌山県紀美野町	073-498-0305	105cm反	M 5m
明石市立天文科学館	兵庫県明石市	078-919-5000	40cm反	Z20m
兵庫県立大学西はりま天文台	兵庫県佐用町	0790-82-3886	200cm反	
鳥取市さじアストロパーク	鳥取県鳥取市	0858-89-1011	103cm反	G6.5m
岡山天文博物館	岡山県浅口市	0865-44-2465	188cm反	M10m
美星天文台	岡山県井原市	0866-87-4222	101cm反	
広島市こども文化科学館	広島県広島市	082-222-5346		M20m
日原天文台	島根県津和野町	0856-74-1646	75cm反	
阿南市科学センター	徳島県阿南市	0884-42-1600	113cm反	
久万高原天体観測館	愛媛県久万高原町	0892-41-0110	60cm反	G 6m
佐賀市立宇宙科学館ゆめぎんが	佐賀県武雄市	0954-20-1666	20cm屈	M18m
長崎市科学館	長崎県長崎市	095-842-0505	50cm反	G23m

※プラネタリウムはドーム直径とメーカー名＝G：五藤光学、M：コニカミノルタ、Z：ツアイス

太陽系ウオッチング

プラネタリウム

丸天井に星空のようすを再現して見せてくれるのがプラネタリウムです。現在全国に300館ちかいプラネタリウムが投影を行っていますが、前ページ下の表はその一部です。話題はさまざまで、ぜひ出かけて楽しむことにしましょう。

▲プラネタリウム（郡山市ふれあい科学館）

▲プラネタリウムの投影

星のイベント

明るい彗星があらわれたり、月食が起こったり惑星が見ごろになったりすると、各地の公開天文台やプラネタリウム、科学館などで観望会が開かれます。各地の天文同好会の星の仲間たちによる天体観測会が企画されることもあります。情報が入ったらぜひ参加してみましょう。
また、毎年夏休みには、星空のよく見える所で、星まつりのイベントが開催されることもあります。

▲天体観望会に参加しよう

▲楽しい星まつり

天文ソフト

コンピュータの画面上でさまざまにシミュレーションできる天文ソフトは、じつに楽しいものです。

百科事典なみの天文情報を収めた学習用ソフトのほか、プラネタリウムソフトでは、星空をリアルに再現できるほか、世

▲天文シュミレーションを楽しもう

界中で見られる天文現象をアニメーションで再現できるものもあり、臨場感が味わえます。そのほかパソコン制御の星図ソフトでは天体の自動導入ができます。天体写真の画像処理ソフトのような特殊なものもあります。それらの要素を統合した欲ばりなソフトもあって便利に使え楽しむことができます。

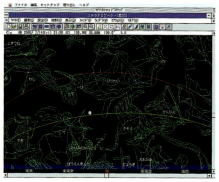
▲星空と天文学習ソフト

天文グッズ

天文雑誌や天文の本、星座早見などは本屋さんでも手に入れることができますが、天文関係のいろいろなお楽しみグッズ類、たとえばマグカップや便せん、星

▲楽しい天文グッズのいろいろ

▲プラネタリウムのショップ

の光る星座早見や星座のドじき、星座のキーホルダーなどの変わり物は、プラネタリウムや科学館の売店で手に入れることができます。これら天文がらみのグッズの中には、星空ウォッチングのとき使って便利なものもたくさんあります。

太陽系ウォッチング

インターネット

星空ウォッチングを楽しんでいると、新しい彗星があらわれたり、新星が発見されたり、明るい人工衛星が飛んできたり、星座のほかにもさまざまな天体を目にすることがあります。これらの最新の天文情報や天文台、プラネタリウムなどのイベント情報はインターネットを利用するのが便利です。

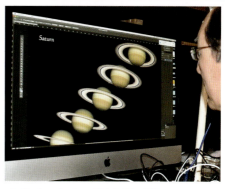

▲インターネットへアクセスしよう

国立天文台（天文全般）	https://www.nao.ac.jp/
国立天文台すばる望遠鏡	https://subarutelescope.org/j_index.html
宇宙情報センター（宇宙開発事業団）	http://spaceinfo.jaxa.jp/
アストロアーツ（天文現象）	http://www.astroarts.co.jp/
パオナビ全国プラネタリウム＆公開天文台情報	http://www.astroarts.co.jp/hoshinavi/pao/
VSNET（変光星）	http://www.kusastro.kyoto-u.ac.jp/vsnet/index-j.html
国際気象海洋株式会社（卓越天気、降水量、降水確率）	http://www.imocwx.com/index.php
群馬県立ぐんま天文台	http://www.astron.pref.gunma.jp/
兵庫県立西はりま天文台	http://www.nhao.jp
さじアストロパーク（鳥取県）	http://www.city.tottori.lg.jp/www/contents/1425466200201
美星天文台（岡山県）	http://www.bao.city.ibara.okayama.jp
HUBBLE SITE（ハッブル宇宙望遠鏡の最新画像）	http://hubblesite.org
Latest NASA News Releases（NASA最新情報）	https://www.nasa.gov/news/releases/latest/index.html
Nasa Jet Propulsion Laboratory（惑星探査など）	https://www.jpl.nasa.gov/
Heavens-Above（人工衛星の予報など）	http://www.heavens-above.com/
ザ・ナインプラネッツ（太陽系天体について）	http://www.cgh.ed.jp/TNPJP/nineplanets/
スカイ・アンド・テレスコープ（アメリカの天文雑誌）	http://www.skyandtelescope.com/

※URLは変更されることもあります。

| 著者紹介 |

藤井 旭（ふじいあきら）

1941年、山口市に生まれる。
多摩美術大学デザイン科を卒業ののち、星仲間たちと共同で星空の美しい那須高原に白河天体観測所を、また南半球のオーストラリアにチロ天文台をつくり、天体写真の撮影などにうちこむ。天体写真の分野では、国際的に広く知られている。天文関係の著書も多数あり、そのファンも多い。おもな著書に、『星の神話・伝説図鑑』『宇宙図鑑』『四季の星座図鑑』『星になったチロ』『チロと星空』（ポプラ社）、『宇宙大全』（作品社）、『星座アルバム』（誠文堂新光社）がある。

この本は、2003年にポプラ社から刊行した『星空図鑑』を一部修正し、新装版にしたものです。

写真・資料・協力

群馬県立ぐんま天文台／郡山市ふれあい科学館／千葉市立郷土博物館／田村市星の村天文台／広島市こども文化科学館／五藤光学研究所／C&Eフランス／ワールド・フォト・サービス／ルーブル美術館／DM Image／D・F・Malin／AATB／NASA／JPL／STScI／AURA Inc.／NOAO／ESO／Lick Obs.／Paris Obs.／Max Plank Ins.／USGS／MSSS／SOHO／NSF／P.Parviainen／白河天体観測所／チロ天文台／大野裕明／片山栄作／多賀治恵／岡田好之／秋山一身／加藤一孝／富岡啓行／品川征志／村山定男／星の手帖社／佐藤光／遠藤守雄／小石川正弘／石川浩二郎／山崎昌彦

イラスト

河島正進　松本竜欣

CG

加賀谷 穣（KAGAYA）

新装版 星空図鑑

2018年4月　第1刷発行　2023年9月　第3刷

著者　　　　　　藤井 旭
ブックデザイン　水野拓央　中村千春（パラレルヴィジョン）
新装版装丁　　　ポプラ社デザイン室

発行者　千葉 均

発行所　株式会社ポプラ社
　　　　〒102-8519　東京都千代田区麹町4-2-6
　　　　ホームページ　www.poplar.co.jp

印刷・製本　図書印刷株式会社

©2018 Akira Fujii
ISBN978-4-591-15770-1 N.D.C.440／311p／21cm

落丁・乱丁本はお取り替えいたします。
電話（0120-666-553）または、ホームページ（www.poplar.co.jp）のお問い合わせ一覧よりご連絡ください。
※電話の受付時間は、月〜金曜日10時〜17時です（祝日・休日は除く）。
読者の皆様からのお便りをお待ちしております。
いただいたお便りは著者にお渡しいたします。

本書のコピー、スキャン、デジタル化等の無断複製は著作権法上での例外を除き禁じられています。
本書を代行業者等の第三者に依頼してスキャンやデジタル化することは、たとえ個人や家庭内での利用であっても著作権法上認められておりません。

Printed in Japan　　　　　P8840022